高职高专土建施工与规划园林系列教材

园林工程招投标与预决算

第二版

- 主　编　李宏星
- 副主编　徐　娟
- 编　委　（按姓氏笔画排序）
  于桂芬　王　婷　龙　俊　叶　敏
  李宏星　陈玉琴　徐　娟　黄　浪

华中科技大学出版社
http://www.hustp.com
中国·武汉

图书在版编目(CIP)数据

园林工程招投标与预决算/李宏星主编.—2版.—武汉：华中科技大学出版社,2022.7
ISBN 978-7-5680-8501-4

Ⅰ.①园… Ⅱ.①李… Ⅲ.①园林-工程施工-招标-高等职业教育-教材 ②园林-工程施工-投标-高等职业教育-教材 ③园林-工程施工-建筑预算定额-高等职业教育-教材 ④园林-工程施工-决算-高等职业教育-教材 Ⅳ.①TU986.3

中国版本图书馆 CIP 数据核字(2022)第 119529 号

园林工程招投标与预决算(第二版)　　　　　　　　　李宏星　主编
Yuanlin Gongcheng Zhaotoubiao yu Yujuesuan(Di-er Ban)

策划编辑：袁　冲	
责任编辑：刘姝甜	
封面设计：优　优	
责任监印：朱　玢	
出版发行：华中科技大学出版社(中国·武汉)	电话：(027)81321913
武汉市东湖新技术开发区华工科技园	邮编：430223
录　　排：武汉创易图文工作室	
印　　刷：武汉开心印印刷有限公司	
开　　本：787 mm×1092 mm　1/16	
印　　张：15　插页:7	
字　　数：412 千字	
版　　次：2022 年 7 月第 2 版第 1 次印刷	
定　　价：48.00 元	

本书若有印装质量问题，请向出版社营销中心调换
全国免费服务热线：400-6679-118　竭诚为您服务
版权所有　侵权必究

前　　言

　　园林工程招投标与预决算是园林技术、园林工程技术等相关专业的一门核心课程，还是造价工程师、建造师、监理工程师等执业资格考试的核心内容。本书融入前沿的造价信息，按照园林技术、园林工程技术专业的培养目标、培养计划以及课程标准要求，以学生能力培养和职业素养形成为重点编写而成。

　　本书是李丹雪等主编的《园林工程招投标与预决算》的改版。在第一版的基础上，编者对内容进行了如下的优化：

　　1.更新规范：本书依据《建设工程工程量清单计价规范》（GB 50500—2013）、《园林绿化工程工程量计算规范》（GB 50858—2013）和《住房城乡建设部办公厅关于做好建筑业营改增建设工程计价依据调整准备工作的通知》（建办标〔2016〕4号）中的"营改增"政策，工作任务的案例部分是以2018年版《湖北省建筑安装工程费用定额》、2018年版《湖北省园林绿化工程消耗量定额及全费用基价表》为基础，结合其他专业定额和2021年10月湖北省武汉市工程造价信息中材料价格信息及市场价进行编制的。

　　2.更新案例：本书以工作任务为驱动导向，以一至两个景观绿化工程实例为工作任务，将一个完整招投标与预决算程序贯穿始终，构建"园林工程预算基础知识—定额学习与使用—施工图纸识读—工程量计算—园林工程计价—园林工程招投标—园林工程验收、结算与竣工决算"的完整学习体系。工作任务采用"能力目标—知识目标—基本知识—学习任务—任务分析—任务实施—任务考核—复习提高"的体例结构。

　　3.更新软件：以广联达 BIM 土建计量平台 GTJ2021、广联达云计价平台 GCCP6.0 进行软件操作的编写及相关案例计量与计价的编写。

　　4.增加了园林工程施工图纸识读相关内容。

　　5.增加了绿化工程、园路园桥工程、园林景观工程（景墙、廊架）计量及工程量清单计价编制的内容。

　　本书由湖北生态工程职业技术学院李宏星任主编，襄阳职业技术学院徐娟任副主编。编写分工如下：项目一的任务1由三门峡职业技术学院陈玉琴编写；项目一的任务2由贵州水利水电职业技术学院龙俊编写；项目一的任务3由武汉软件工程职业学院王婷编写；项目二、项目三及全

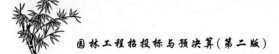

书任务实施部分由李宏星编写;项目四的任务 1、任务 2 由徐娟编写;项目四的任务 3 由武汉生物工程学院黄浪编写;项目五由武汉生物工程学院叶敏编写;辽宁农业职业技术学院于桂芬绘制了书中案例庭院景观工程的全套施工图纸。

  编者在编写过程中参阅了大量的文献和资料,在此对这些文献的作者及资料的提供者表示深深的谢意。限于编者的学识、专业水平和实践经验,书中难免有错误和疏漏之处,敬请广大读者批评指正。

编 者

2021 年 11 月

目 录

项目一 园林工程预算基础 ··· (1)

 任务1 园林工程预算费用组成 ··· (1)

 任务2 园林工程定额应用 ··· (16)

 任务3 园林工程施工图纸识读 ··· (25)

项目二 园林工程工程量计算及工程量清单编制 ·· (27)

 任务1 绿化工程工程量计算及工程量清单编制 ································· (30)

 任务2 园路园桥工程工程量计算及工程量清单编制 ···························· (53)

 任务3 园林景观工程工程量计算及工程量清单编制 ···························· (73)

项目三 园林工程清单计价 ·· (113)

 任务1 园林绿化工程清单计价 ··· (117)

 任务2 园路园桥工程清单计价 ··· (136)

 任务3 园林景观工程清单计价 ··· (145)

项目四 园林工程招标与投标 ··· (160)

 任务1 园林工程招标 ·· (160)

 任务2 园林工程投标 ·· (175)

 任务3 园林工程开标、评标与中标 ··· (191)

项目五 园林工程竣工验收、结算与竣工决算 ·· (206)

 任务1 园林工程竣工验收 ··· (206)

 任务2 园林工程结算与竣工决算 ·· (217)

参考文献 ··· (234)

项目一　园林工程预算基础

　　园林工程预算是指在工程建设过程中，根据不同设计阶段的设计文件的具体内容和有关定额、指标及取费标准，预先计算和确定建设项目的全部工程费用的技术经济文件。
　　园林工程预算基础知识主要包括园林工程预算费用组成、园林工程材料应用、园林工程专业术语、园林工程定额应用、园林工程图纸识读等。

技能要求

- 能进行清单计价预算费用的编制
- 能认识园林工程材料
- 能理解园林工程专业术语
- 能正确使用园林工程定额并换算
- 能读懂园林工程施工图纸

知识要求

- 了解园林工程建设流程、园林工程项目划分
- 掌握清单计价费用组成知识
- 掌握园林工程材料名称及规格知识
- 掌握园林工程专业术语知识
- 掌握园林工程定额基础知识
- 掌握园林工程施工图纸基本知识

任务1　园林工程预算费用组成

能力目标

1. 能准确进行建设工程项目划分；
2. 能准确进行建设项目不同阶段的工程造价分类；
3. 能编制清单计价的费用组成。

知识目标

1. 了解建设项目划分及工程造价的特点；
2. 掌握工程量清单计价费用组成知识；
3. 了解建设项目不同阶段对应的不同工程造价。

一、建设项目的划分

基本建设项目又称建设项目,为便于对建设工程进行管理和确定产品的价格,园林建设项目被划分为建设项目(工程总项目)、单项工程、单位工程、分部工程和分项工程五个层次。

1. 建设项目(工程总项目)

建设项目指在总体设计或初步设计的范围内,由一个或若干个单项工程所组成的一个总项目,如一所学校、一个公园等。在初步设计阶段以建设项目为对象编制总概算,竣工验收后编制竣工决算。

2. 单项工程

单项工程是指在一个建设项目中,具有独立的设计文件、可以独立施工、建成后可以独立发挥生产能力或效益的工程,如一所学校里的一座教学楼、图书馆、食堂等,又如一个公园里的绿化工程、餐厅、喷泉、水榭等。单项工程是建设项目的重要组成部分。单项工程产品的价格,是由单项工程综合概(预)算来确定的。

3. 单位工程

单位工程是指具有独立的设计文件,可以独立施工,但建成后不能够独立发挥生产能力和效益的工程。单位工程是单项工程的组成部分,建设工程中的一般土建工程、装饰装修工程、给排水工程、电气照明工程、弱电工程、采暖通风空调工程、煤气管道工程、园林绿化工程等,均可以独立作为单位工程。

4. 分部工程

分部工程是单位工程的组成部分,指工程性质相近,施工方式、施工工具和使用材料大体相同的同类工程。如园林绿化工程分为绿化工程,园路、园桥工程及园林景观工程三个分部工程。分部工程在现行预算定额中一般表达为"章",如2018年版《湖北省园林绿化工程消耗量定额及全费用基价表》第一章"绿化工程"即为分部工程。

5. 分项工程

分项工程是分部工程的组成部分,是建设项目概(预)算中最基本的计量单元,是预算定额中最小的计价单位,按不同的施工方法、不同材料、不同规格可将分部工程划分为若干分项工程。如绿化工程中的栽植乔木就是一个分项工程。

二、园林绿化工程项目划分

园林绿化工程是一个单位工程,分为三个分部工程:①绿化工程;②园路、园桥工程;③园林景观工程。

(一)绿化工程

绿化工程分为5个子分部工程,即绿地整理、栽植花木、绿化养护、屋面绿化和节水灌溉。

1. 绿地整理

绿地整理的分项工程包括:人工砍伐乔木;人工挖树根;砍挖灌木丛及根;清除草皮及地被植物;地面换土;人工抽槽及沟槽换土;带土球乔、灌木换土;裸根乔木换土;裸根灌木换土;整理绿化用地。

2. 栽植花木

栽植花木的分项工程包括:起挖乔木;起挖灌木;起挖竹类;起挖绿篱;起挖色带;起挖草皮;栽植乔木;栽植灌木;栽植竹类;栽植绿篱;栽植攀缘植物;栽植色带;栽植露地花卉;栽植地被植物;栽植水生植物;立体花卉布置;铺种草皮;喷播植草籽;植草砖内植草;箱体苗木栽植;大树迁移机械运输;假植;树木修剪;机械灌洒乔木;机械灌洒灌木;机械灌洒竹类;机械灌洒绿篱;机械灌洒攀缘植物;机械灌洒色带;机械灌洒地被植物;机械灌洒草坪及花卉;机械灌洒木箱苗木。

3. 绿化养护

绿化养护的分项工程包括:乔木成活养护;灌木成活养护;竹类成活养护;球形植物成活养护;绿篱成活养护;攀缘植物成活养护;色带成活养护;露地花卉成活养护;地被植物成活养护;水生植物成活养护;立体花卉成活养护;草坪成活养护;乔木保存养护;灌木保存养护;竹类保存养护;球形植物保存养护;绿篱保存养护;攀缘植物保存养护;色带保存养护;露地花卉保存养护;地被植物保存养护;水生植物保存养护;立体花卉保存养护;草坪保存养护。

4. 屋面绿化

屋面绿化的分项工程包括:绿化基层及土方;苗木种植(乔木,灌木、藤本,绿篱,竹类,花卉,草皮);绿化养护(乔木,灌木、藤本,绿篱,竹类,花卉,草皮)。

5. 节水灌溉

节水灌溉的分项工程包括:喷头;滴头;滴灌管;快速取水阀;成品阀门箱;控制器;喷灌用电磁阀。

(二)园路、园桥工程

园路、园桥工程分为3个子分部工程,即园路工程,园桥工程,以及驳岸、护岸。

1. 园路工程

园路工程的分项工程包括:园路;踏(磴)道;路牙铺设;树池盖板;嵌草砖(格)铺装。

2. 园桥工程

园桥工程的分项工程包括:桥基础;石桥墩、石桥台;拱旋石;金刚墙砌筑;石桥面铺筑;石桥面檐板;石栏杆安装;涉水石汀步;木栈步桥、栈道。

3. 驳岸、护岸

驳岸、护岸的分项工程包括:石(卵石)砌驳岸;满(散)铺砂卵石护岸(自然护岸)。

(三)园林景观工程

园林景观工程包括5个子分部工程,即堆塑假山、亭廊屋面、花架、园林桌椅和杂项。

1. 堆塑假山

堆塑假山的分项工程包括:堆砌土山丘;堆砌石假山;塑假山;石笋;点风景石;池(盆景

置石；山石护角及台阶。

2. 亭廊屋面

亭廊屋面的分项工程包括：草、树皮屋面；竹屋面；油毡瓦屋面；预制混凝土亭屋面；彩色压型钢板（夹芯板）攒尖亭屋面板；彩色压型钢板（夹芯板）穹顶；玻璃屋面；围墙瓦顶。

3. 花架

花架的分项工程即为花架，包括现浇混凝土花架柱、梁，预制混凝土花架柱、梁，木制花架柱、梁，金属花架柱、梁等。

4. 园林桌椅

园林桌椅的分项工程即为园林桌椅，包括塑树根桌凳及塑料、铁艺、金属椅等。

5. 杂项

杂项的分部工程包括：石灯；石球；仿石音箱安装；塑树皮；栏杆；景墙；景窗；花盆；摆花；水池；垃圾箱；砖砌小摆设；柔性水池。

三、园林工程造价含义

工程造价就是工程的建造价格，它有两种定义：

一是指工程项目全部建成所预计开支或实际开支的建设费用，即按照预定的建设内容、建设标准、功能要求和使用要求全部建成并验收合格交付使用所需的全部费用。

二是指工程价格，即建成一项工程，预计或实际在工程项目承包市场交易活动中所形成的工程的价格。

两种定义同时存在于工程造价管理活动中。其中第一种定义主要适用于工程项目前期决策阶段和建设准备阶段，如项目建议书编制和可行性研究阶段的工程投资估算、初步设计阶段的工程设计概算，均包括工程项目从筹建到全部建成所需的全部建设费用；第二种定义主要适用于施工图设计阶段、工程项目招投标阶段和施工阶段，如施工图预算、招标控制价、投标价、合同价和结算价等，仅包括工程费用。

园林工程造价是指在园林建设过程中，根据不同的建设阶段设计文件的具体内容和有关定额、指标等，对可能的消耗进行研究、预算、评估形成的技术经济文件。这一含义等同于园林工程预算。

四、园林工程造价用途

园林工程造价有如下用途：

(1) 是确定园林建设工程造价的重要方法和依据。

(2) 是进行园林建设项目方案比较、评价、选择的重要基础工作内容。

(3) 是设计单位对设计方案进行技术经济分析比较的依据。

(4) 是建设单位与施工单位进行工程招投标的依据，也是双方签订施工合同、办理工程竣工结算的依据。

(5) 是施工企业组织生产、编制计划、统计工作量和确定实物量指标的依据。

(6)是控制园林建设投资额、办理拨付园林建设工程款、办理贷款的依据。
(7)是园林施工企业进行成本核算的依据。

五、园林工程造价的特点

1. 单件性

园林工程建设产品生产的单件性,决定了其工程造价的单件性。每个工程项目都有自己特定的使用功能、建造标准和建设工期,工程项目所处的位置、气候状况、规模等都是不同的,同时,工程项目所在地区的市场因素、技术经济条件、竞争因素也存在差异,这些产品的个体差异决定了每项工程都必须单独计价。

2. 多次性计价

园林工程造价随着工程不断展开而逐渐深化、逐渐细化和逐渐接近实际造价,这是一个动态过程。由于建设工程周期较长,根据建设程序要分阶段进行,对应不同阶段要相应进行多次计价,对其进行监督和控制,以防工程费用超支。

3. 造价的组合性

园林工程造价的计价是由多个分部分项工程计价组成的。一个项目可按建设项目分类,按各自的单位工程组价,多次组合而成总项目造价。

4. 方法的多样性

为了适应工程造价多次性的计价,对不同的项目可采用不同的计价依据和计价体系,由此计价方法也有多样性。

六、园林工程造价的分类

园林工程造价按不同的设计阶段和所起的作用及编制依据的不同,一般可分为投资估算、设计概算、施工图预算、施工预算、工程结算、竣工结算和竣工决算。

1. 投资估算

投资估算一般是指在工程项目决策阶段,为了对方案进行比选,对该项目进行的投资费用估算,包括项目建议书的投资估算和可行性研究报告的投资估算。投资估算是在决策阶段论证拟建项目在经济上是否合理的重要文件。

2. 设计概算

设计概算是设计文件的重要组成部分。它是由设计单位依据初步设计或扩大初步设计图纸,根据有关定额或指标规定的工程量计算规则、行业标准来编制的。设计概算的层次性十分明显,分为单位工程概算、单项工程综合概算和建设项目总概算。设计概算应按建设项目的建设规模、隶属关系和审批程序报请批准。设计总概算经有关部门批准后,就成为国家控制本建设项目总投资的主要依据,不能任意突破。如果突破,要重新立项申请。

3. 施工图预算

施工图预算是依据审查和批准过的施工图,按照相应施工要求,并根据工程量计算规则、行业标准来编制的工程造价文件。施工图预算受设计概算价的控制,便于业主了解设计的施工所对应的费用。施工图预算是实行定额计价的依据。

4. 施工预算

施工预算是用于施工单位内部管理的一种预算。施工预算是指施工单位在投标报价的控制下,根据审查和批准过的施工图和施工定额,结合施工组织设计,考虑节约因素后在施工以前编制的预算。编制施工预算主要是计算单位工程施工用工、用料,以及施工机械(主要是大型机械)台班需用量。施工预算实质上是施工企业基层单位的一种成本计划文件,它指明了管理目标和方法,可作为确定用工和用料计划、备工备料、下达施工任务书和限额领料单的依据,也是指导施工、控制工料、实行经济核算及统计的依据。

5. 工程结算

工程结算是建设单位(发包人)和施工单位(承包人)按照工程进度,对已完工程实行货币支付的行为。工程结算是指一个单项工程、单位工程、分部分项工程完工后,经建设单位及有关部门验收并办理验收手续,由施工单位根据施工过程中现场实际情况的记录、设计变更通知书、现场工程变更签证以及合同约定的计价定额、材料价格、各项取费标准等,在合同价的基础上,编制的向建设单位申请办理工程价款结算来取得收入,用以补偿施工过程中的资金耗费的文件,是确定工程实际造价的依据。

由于建设工程工期的长短不同,结算方式有几种。若工期很长,不可能都采取竣工后一次性结算的方法,往往要在工期中通过不同方式采用分期付款,以解决施工企业资金周转的困难,这种结算方式称为中间结算;若工期较短,就可以采用竣工后一次性结算的方法。

6. 竣工结算

竣工结算是指发、承包双方依据国家有关法律、法规和标准规定,按照合同约定确定最终工程造价。工程结算价是所结算工程的实际建造价格。

7. 竣工决算

竣工决算是指建设项目通过竣工验收、交付使用后,由建设单位编制的反映整个建设项目从筹建到竣工验收所发生的全部费用的文件。它应当反映工程项目建成后交付使用的固定资产及流动资金的详细情况和实际价值,反映建设项目的实际投资总额。

七、园林工程费用组成

园林工程费用组成适用建筑安装工程费用组成。

(一)按费用构成要素划分

工程费用按费用构成要素划分,由人工费、材料费、施工机具使用费、企业管理费、利润、规费和税金组成。其中人工费、材料费、施工机具使用费、企业管理费和利润包含在分部分项工程费、措施项目费、其他项目费中,见图1-1。

(二)按造价形成划分

工程费用按照造价形成划分,由分部分项工程费、措施项目费、其他项目费、规费和税金

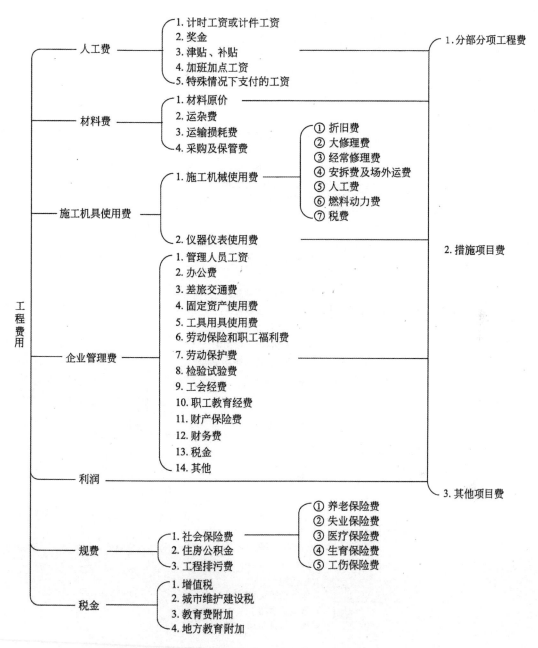

图 1-1 工程费用组成（按费用构成要素划分）

组成，分部分项工程费、措施项目费、其他项目费包含人工费、材料费、施工机具使用费、企业管理费和利润，见图 1-2。

1. 分部分项工程费

分部分项工程费是指各专业工程的分部分项工程应予列支的各项费用。

(1) 专业工程：按现行国家计量规范划分的房屋建筑与装饰工程、仿古建筑工程、通用安装工程、市政工程、园林绿化工程、矿山工程、构筑物工程、城市轨道交通工程、爆破工程等各类工程。

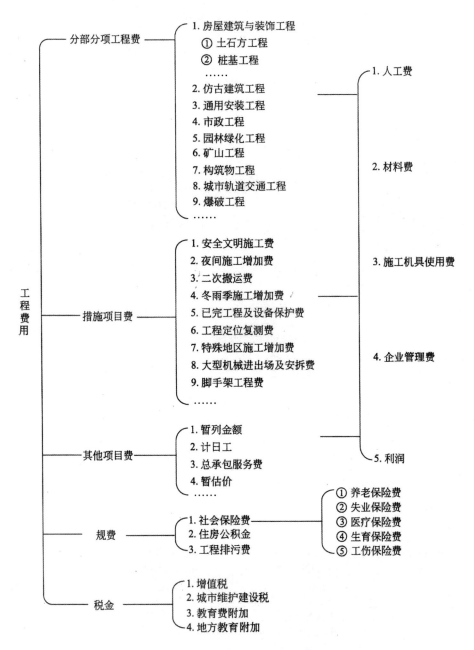

图 1-2　工程费用组成（按造价形成划分）

(2)分部分项工程：按现行国家计量规范对各专业工程划分的项目，如房屋建筑与装饰工程划分的土石方工程、地基处理与桩基工程、砌筑工程、钢筋及钢筋混凝土工程等，又如园林绿化工程划分的绿化工程、园路园桥工程、园林景观工程等。

各类专业工程的分部分项工程划分见现行国家或行业计量规范。

2. 措施项目费

措施项目费是指为完成建设工程施工，发生于该工程施工前和施工过程中的技术、生活、安全、环境保护等方面的费用。内容包括：

(1)安全文明施工费。

①环境保护费:施工现场为达到环保部门要求所需要的各项费用。

②文明施工费:施工现场文明施工所需要的各项费用。

③安全施工费:施工现场安全施工所需要的各项费用。

④临时设施费:施工企业为进行建设工程施工所必须搭设的生活和生产用的临时建筑物、构筑物和其他临时设施费用,包括临时设施的搭设、维修、拆除、清理费或摊销费等。

(2)夜间施工增加费:因夜间施工所发生的夜班补助费、夜间施工降效、夜间施工照明设备摊销及照明用电等费用。

(3)二次搬运费:因施工场地条件限制而发生的材料、构配件、半成品等一次运输不能到达堆放地点,必须进行二次或多次搬运所发生的费用。

(4)冬雨季施工增加费:在冬季或雨季施工需增加的临时设施、防滑、排除雨雪,人工及施工机械效率降低等费用。

(5)已完工程及设备保护费:竣工验收前,对已完工程及设备采取的必要保护措施所发生的费用。

(6)工程定位复测费:工程施工过程中进行全部施工测量放线和复测工作的费用。

(7)特殊地区施工增加费:工程在沙漠或其边缘地区、高海拔、高寒、原始森林等特殊地区施工增加的费用。

(8)大型机械设备进出场及安拆费:机械整体或分体自停放场地运至施工现场或由一个施工地点运至另一个施工地点,所发生的机械进出场运输及转移费用及机械在施工现场进行安装、拆卸所需的人工费、材料费、机械费、试运转费和安装所需的辅助设施的费用。

(9)脚手架工程费:施工需要的各种脚手架搭、拆、运输费用以及脚手架购置费的摊销(或租赁)费用。

措施项目及其包含的内容详见各类专业工程的现行国家或行业计量规范。

3. 其他项目费

(1)暂列金额:建设单位在工程量清单中暂定并包括在工程合同价款中的一笔款项。用于施工合同签订时尚未确定或者不可预见的所需材料、工程设备、服务的采购,施工中可能发生的工程变更、合同约定调整因素出现时的工程价款调整以及发生的索赔、现场签证确认等的费用。

(2)计日工:在施工过程中,施工企业完成建设单位提出的施工图纸以外的零星项目或工作所需的费用。

(3)总承包服务费:总承包人为配合、协调建设单位进行的专业工程发包,对建设单位自行采购的材料、工程设备等进行保管以及施工现场管理、竣工资料汇总整理等服务所需的费用。

4. 规费

规费是指按国家法律、法规规定,由省级政府和省级有关权力部门规定必须缴纳或计取的费用,包括:

(1)社会保险费。

①养老保险费:企业按照规定标准为职工缴纳的基本养老保险费。

②失业保险费:企业按照规定标准为职工缴纳的失业保险费。

③医疗保险费:企业按照规定标准为职工缴纳的基本医疗保险费。
④生育保险费:企业按照规定标准为职工缴纳的生育保险费。
⑤工伤保险费:企业按照规定标准为职工缴纳的工伤保险费。
(2)住房公积金:企业按规定标准为职工缴纳的住房公积金。
(3)工程排污费:按规定缴纳的施工现场工程排污费。
其他应列而未列入的规费,按实际发生计取。

5. 税金

税金是指国家税法规定的应计入建筑安装工程造价内的增值税、城市维护建设税、教育费附加以及地方教育附加。

八、园林工程清单计价

(一)园林工程清单计价参考公式

1. 分部分项工程费

$$分部分项工程费 = \sum(分部分项工程量 \times 综合单价)$$

式中,综合单价包括人工费、材料费、施工机具使用费、企业管理费和利润以及一定范围的风险费用(下同)。

2. 措施项目费

(1)国家计量规范规定应予计量的措施项目,其计算公式为:

$$措施项目费 = \sum(措施项目工程量 \times 综合单价)$$

(2)国家计量规范规定不宜计量的措施项目计算方法如下:

①安全文明施工费:

$$安全文明施工费 = 计算基数 \times 安全文明施工费费率(\%)$$

计算基数应为定额基价(定额分部分项工程费+定额中可以计量的措施项目费)、定额人工费或(定额人工费+定额机械费),其费率由工程造价管理机构根据各专业工程的特点综合确定。

②夜间施工增加费:

$$夜间施工增加费 = 计算基数 \times 夜间施工增加费费率(\%)$$

③二次搬运费:

$$二次搬运费 = 计算基数 \times 二次搬运费费率(\%)$$

④冬雨季施工增加费:

$$冬雨季施工增加费 = 计算基数 \times 冬雨季施工增加费费率(\%)$$

⑤已完工程及设备保护费:

$$已完工程及设备保护费 = 计算基数 \times 已完工程及设备保护费费率(\%)$$

上述②～⑤项措施项目的计费基数应为定额人工费或"定额人工费+定额机械费",其费率由工程造价管理机构根据各专业工程特点和调查资料综合分析后确定。

3. 其他项目费

(1)暂列金额由建设单位根据工程特点,按有关计价规定估算,施工过程中由建设单位掌握使用，扣除合同价款调整后如有余额，归建设单位。

（2）计日工由建设单位和施工企业按施工过程中的签证计价。

（3）总承包服务费由建设单位在招标控制价中根据总包服务范围和有关计价规定编制，施工企业投标时自主报价，施工过程中按签约合同价执行。

4. 规费和税金

建设单位和施工企业均应按照省、自治区、直辖市或行业建设主管部门发布标准计算规费和税金，不得作为竞争性费用。

（二）相关问题的说明

（1）各专业工程计价定额的编制及其计价程序，均按《住房城乡建设部　财政部关于印发〈建筑安装工程费用项目组成〉的通知》实施。

（2）各专业工程计价定额的使用周期原则上为5年。

（3）工程造价管理机构在定额使用周期内，应及时发布人工、材料、机械台班价格信息，实行工程造价动态管理，如遇国家法律、法规、规章或相关政策变化以及建筑市场物价波动较大，应适时调整定额人工费、定额机械费以及定额基价或规费费率，使建筑安装工程费能反映建筑市场实际。

（4）建设单位在编制招标控制价时，应按照各专业工程的计量规范和计价定额以及工程造价信息编制。

（5）施工企业在使用计价定额时除不可竞争费用外，其余仅作为参考，由施工企业投标时自主报价。

（三）园林工程费用计算（依据湖北省2018年费用定额进行计算）

1. 人工费

$$人工费 = 人工预算价$$

2. 材料费

$$材料费 = 基本材料费 + 主材费 + 设备费 - 甲供主材费 - 甲供设备费$$

3. 施工机具使用费

$$施工机具使用费 = 机械费（人工预算价）$$

4. 综合单价

$$综合单价 = 人工费 + 材料费 + 施工机具使用费 + 企业管理费 + 利润 + 风险因素$$

$$企业管理费（园建工程） = （人工费 + 施工机具使用费） \times 17.89\%$$

$$企业管理费（绿化工程） = （人工费 + 施工机具使用费） \times 6.58\%$$

$$利润（园建工程） = （人工费 + 施工机具使用费） \times 18.15\%$$

$$利润（绿化工程） = （人工费 + 施工机具使用费） \times 3.57\%$$

5. 总价措施项目费

安全文明施工费（园建工程） = （园建工程分部分项人工费预算价 + 机械费预算价） × 4.3%

安全文明施工费（绿化工程） = （绿化工程分部分项人工费预算价 + 机械费预算价） × 1.76%

安全文明施工费各费率：①园建工程，安全施工费费率为2.33%，文明施工费、环境保护费费率为1.19%,临时设施费费率为0.78%;②绿化工程,安全施工费费率为0.95%,文明施工费、环境保护费费率为0.49%,临时设施费费率为0.32%。

夜间施工增加费(园建工程)=(园建工程分部分项人工费预算价
+机械费预算价)×0.13%

夜间施工增加费(绿化工程)=(绿化工程分部分项人工费预算价
+机械费预算价)×0.13%

二次搬运费按施工组织设计。

冬雨季施工增加费(园建工程)=(园建工程分部分项人工费预算价
+机械费预算价)×0.26%

冬雨季施工增加费(绿化工程)=(绿化工程分部分项人工费预算价
+机械费预算价)×0.26%

工程定位复测费(园建工程)=(园建工程分部分项人工费预算价
+机械费预算价)×0.1%

工程定位复测费(绿化工程)=(绿化工程分部分项人工费预算价
+机械费预算价)×0.1%

6. 规费

(1)规费(园建工程)取费基数:园建预算人工费+园建机械费(人工预算价)+其他项目园建工程人工费+其他项目园建工程机械费。

费率:养老保险金,5.65%;失业保险金,0.56%;医疗保险金,1.65%;工伤保险金,0.66%;生育保险金,0.26%;住房公积金,2.21%;工程排污费,0.79%。

(2)规费(绿化工程)取费基数:绿化预算人工费+绿化机械费(人工预算价)+其他项目绿化工程人工费+其他项目绿化工程机械费。

费率:养老保险金,5.55%;失业保险金,0.55%;医疗保险金,1.62%;工伤保险金,0.52%;生育保险金,0.26%;住房公积金,2.17%。

7. 增值税

按照《财政部 税务总局 海关总署关于深化增值税改革有关政策的公告》(财政部 税务总局 海关总署公告2019年第39号)规定,将《住房城乡建设部办公厅关于调整建设工程计价依据增值税税率的通知》(建办标〔2018〕20号)规定的工程造价计价依据中增值税税率(10%)调整为9%。

(四)园林工程计价程序

园林工程计价程序见表1-1至表1-3。

表1-1 建设单位工程招标控制价计价程序

工程名称: 标段:

序 号	内 容	计算方法	金额/元
1	分部分项工程费	按计价规定计算	
1.1			
1.2			

续表

序 号	内 容	计算方法	金额/元
1.3			
1.4			
1.5			
2	措施项目费	按计价规定计算	
2.1	其中:安全文明施工费	按规定标准计算	
3	其他项目费		
3.1	其中:暂列金额	按计价规定估算	
3.2	其中:专业工程暂估价	按计价规定估算	
3.3	其中:计日工	按计价规定估算	
3.4	其中:总承包服务费	按计价规定估算	
4	规费	按规定标准计算	
5	税金(扣除不列入计税范围的工程设备金额)	(1+2+3+4)×规定税率	
	招标控制价合计	1+2+3+4+5	

表1-2 施工企业工程投标报价计价程序

工程名称: 　　　　标段:

序 号	内 容	计算方法	金额/元
1	分部分项工程费	自主报价	
1.1			
1.2			
1.3			
1.4			
1.5			
2	措施项目费	自主报价	
2.1	其中:安全文明施工费	按规定标准计算	
3	其他项目费		
3.1	其中:暂列金额	按招标文件提供金额计列	
3.2	其中:专业工程暂估价	按招标文件提供金额计列	
3.3	其中:计日工	自主报价	
3.4	其中:总承包服务费	自主报价	
4	规费	按规定标准计算	
5	税金(扣除不列入计税范围的工程设备金额)	(1+2+3+4)×规定税率	
	投标报价合计	1+2+3+4+5	

表 1-3　竣工结算计价程序

工程名称：　　　　　　标段：

序号	汇总内容	计算方法	金额/元
1	分部分项工程费	按合同约定计算	
1.1			
1.2			
1.3			
1.4			
1.5			
2	措施项目费	按合同约定计算	
2.1	其中:安全文明施工费	按规定标准计算	
3	其他项目费		
3.1	其中:专业工程结算价	按合同约定计算	
3.2	其中:计日工	按计日工签证计算	
3.3	其中:总承包服务费	按合同约定计算	
3.4	其中:索赔与现场签证	按发、承包双方确认数额计算	
4	规费	按规定标准计算	
5	税金(扣除不列入计税范围的工程设备金额)	(1+2+3+4)×规定税率	
	竣工结算总价	1+2+3+4+5	

学习任务

现有××庭院绿化工程,分部分项工程费为 15 481.37 元,人工费为 3 927.20 元,机械费为 158.28 元,企业管理费是人工费和机械费之和的 6.58%,利润是人工费和机械费之和的 3.57%,安全文明施工费是人工费和机械费之和的 1.76%。其他总价措施项目费包括夜间施工增加费(是人工费和机械费之和的 0.13%)、冬雨季施工增加费(是人工费和机械费之和的 0.26%)和工程定位复测费(是人工费和机械费之和的 0.1%)。规费是人工费和机械费之和的 10.67%。人工费调增 298.88 元。增值税税率为 9%。请计算园林工程费用。

任务分析

本任务要求掌握工程预算费用的编制,需要熟悉园林工程清单计价费用组成和计价程序。

任务实施

(1)根据本任务的已知条件和湖北省建设工程费用定额,以人工费和机械费之和计算相关费用。

(2)列表计算园林工程预算费用,见表 1-4。

表 1-4　园林工程预算费用计算表

序号	费用代码	名称	计算基数	费率/(%)	金额/元
一	A	分部分项工程费			15 481.37
1.1	A1	人工费			3 927.20
1.2	A2	材料费			
1.3	A3	机械费			158.28
	A4	人工费＋机械费			4 085.48
1.4	A5	管理费	A4	6.58	268.82
1.5	A6	利润	A4	3.57	145.85
二	B	措施项目费			91.92
2.1		单价措施			
2.2		总价措施			
2.2.1	B1	安全文明施工费	A4	1.76	71.90
2.2.2	B2	其他总价措施费	A4	0.49	20.02
三	C	其他项目费			
四	D	规费	A4	10.67	435.92
五	E	人工费调整			298.88
六	F	增值税	A＋B＋C＋D＋E	9	1 467.73
七	G	含税工程造价	A＋B＋C＋D＋E＋F		17 775.82

任务考核表见表 1-5。

表 1-5　任务考核表 1

序号	考核内容	考核标准	配分	考核记录	得分
1	工程费用组成	工程费用组成正确	20		
2	管理费	取费基数、费率正确	10		
3	利润	取费基数、费率正确	10		
4	安全文明施工费	取费基数、费率正确	10		
5	其他总价措施项目费	取费基数、费率正确	10		
6	规费	取费基数、费率正确	10		
7	增值税	取费基数、税率正确	10		
8	工程造价	总价合计正确	20		
	合计		100		

复习提高

××庭院园路工程,分部分项工程费为51 018.12元,人工费为11 969.91元,机械费为82.19元,企业管理费是人工费和机械费之和的17.89%,利润是人工费和机械费之和的18.15%,安全文明施工费是人工费和机械费之和的4.3%。其他总价措施项目费包括夜间施工增加费(是人工费和机械费之和的0.13%)、冬雨季施工增加费(是人工费和机械费之和的0.26%)及工程定位复测费(是人工费和机械费之和的0.1%)。规费是人工费和机械费之和的11.78%。增值税税率为9%。人工费调增884.30元。请计算园林工程费用,填写表1-6。

表1-6 园林工程费用计算

序号	费用代码	名 称	计算基数	费率/(%)	金额/元
一	A	分部分项工程费			51 018.12
1.1	A1	人工费			11 969.91
1.2	A2	材料费			
1.3	A3	机械费			82.19
	A4	人工费+机械费			
1.4	A5	管理费			
1.5	A6	利润			
二	B	措施项目费			
2.1		单价措施			
2.2		总价措施			
2.2.1	B1	安全文明施工费			
2.2.2	B2	其他总价措施费			
三	C	其他项目费			
四	D	规费			
五	E	人工费调整			884.30
六	F	增值税			
七	G	含税工程造价			

任务2 园林工程定额应用

能力目标

1. 能正确查找本地区园林预算定额;
2. 能正确套用园林预算定额并进行换算。

知识目标

1. 了解定额的分类及特点;

2. 理解预算定额、概算定额、概算指标之间的异同。

一、建设工程定额

(一)概念

建设工程定额是在正常施工条件下,完成一定计量单位的合格产品所必需的劳动力、材料、机械台班和资金消耗的数量标准。

(二)分类

1. 按生产要素分类

建设工程定额按生产要素分类,可分为劳动消耗定额、材料消耗定额和机械台班消耗定额等。

2. 按用途分类

建设工程定额按用途分类,可分为施工定额、预算定额、概算定额等。

3. 按主编单位和执行范围分类

建设工程定额按主编单位和执行范围分类,可分为全国统一定额、主管部门定额、地区统一定额及企业定额等。

(三)特点

1. 科学性

建设工程定额的科学性,体现在:①用科学的态度制定定额,尊重客观实际,力求定额水平合理;②制定定额的技术方法是科学合理的;③定额制定和贯彻的一体化印证科学性。

2. 系统性

建设工程定额是相对独立的系统。它是由多种定额结合而成的有机的整体。它的结构复杂、层次鲜明、目标明确。

3. 统一性

建设工程定额的统一性体现在:①按照其影响力和执行范围来看,其有全国统一、地区统一和行业统一等形式;②按照定额的制定、颁布和贯彻使用来看,其有统一的程序、统一的原则、统一的要求和统一的用途。

4. 指导性

建设工程定额的指导性的客观基础是定额的科学性。

此外,建设工程定额还具有稳定性与时效性。

二、预算定额

(一)概念

预算定额是在正常施工条件下,完成一定计量单位合格分项工程和机构构件所需消耗的人工、材料、施工机械台班数量及其相应费用标准。它是编制施工图预算的主要依据,是确定和控制施工工程造价的主要依据。

(二)编制原则

1. 平均水平原则

预算定额是按照社会平均水平确定的,是确定和控制建筑安装工程造价的主要依据。一般按照生产过程中所消耗的社会必要劳动时间确定定额水平。

2. 简明适用原则

简明适用原则主要体现在以下两方面:

一是在编制预算定额时,对于那些主要的、常用的、价值量大的项目,分项工程划分宜细;次要的、不常用的、价值量相对较小的项目则可以粗一些。

二是预算定额应项目齐全,合理确定计量单位,简化工程量的计算。

(三)作用

(1)预算定额是编制施工图预算、确定建设工程造价的基础。

(2)预算定额是编制施工组织设计的依据。

(3)预算定额是工程结算、施工单位进行经济核算的依据。

(4)预算定额是编制概算定额、招标控制价及投标报价的基础。

(四)预算定额示例

预算定额示例(来源:2018年版《湖北省园林绿化工程消耗量定额及全费用基价表》)见表1-7和表1-8。

表1-7 栽植乔木定额

工作内容:挖塘,栽植(落塘、扶正、回土、捣实、筑水围),浇水,覆土,保墒,整形,清理

计量单位:株

定额编号				E1-140
项目				栽植乔木(带土球)
				土球直径(cm以内)
				20
全费用/元				5.62
其中	人工费/元			4.05
	材料费/元			0.08
	机械费/元			—
	费用/元			0.93
	增值税/元			0.56
	名称	单位	单价/元	数量
人工	普工	工日	92.00	0.027
	技工	工日	142.00	0.011
材料	乔木	株	—	(1.020)
	水	m³	3.39	0.025

表 1-8　乔木成活养护定额

工作内容:中耕施肥、整地除草、修剪剥芽、防病除害、树桩绑扎、加土扶正、清除枯枝、环境清理、灌溉排水等

计量单位:100 株·月

定额编号				E1-372
项目				落叶乔木成活养护
				胸径(cm 以内)
				10
全费用/元				981.11
其中	人工费/元			670.66
	材料费/元			29.88
	机械费/元			23.25
	费用/元			160.09
	增值税/元			97.23
	名称	单位	单价/元	数量
人工	普工	工日	92.00	4.388
	技工	工日	142.00	1.880
材料	肥料	kg	2.57	2.720
	药剂	kg	20.53	0.240
	水	m³	3.39	0.700
	其他材料费(占材料费比)	%	—	2.000
	汽油(机械)	kg	6.03	2.538
机械	洒水车(4 000 L)	台班	276.76	0.084

(五)预算定额的应用

2018 年版《湖北省园林绿化工程消耗量定额及全费用基价表》中的是预算定额,定额手册的项目是根据工程内容、施工顺序、使用材料等,按分部(章)、分项、子项排列的。为了使编制的预算项目和定额项目一致,便于查对,定额都应有固定的编号,即定额编号。为提高施工图预算编制质量,便于查阅和审查选套的定额项目是否正确,在编制施工图预算时必须注明选套的定额编号。定额的编号一般采用两符号或三符号编法。

1.预算定额的直接套用

当设计要求与定额项目的内容相一致时,可直接套用定额的预算基价及工料消耗量来计算该分项工程费以及工料所需量。具体计算步骤如下:

首先,熟悉施工图上分项工程的设计要求、施工组织设计上分项工程的施工方法,初步选择套用的定额分项。

其次,应熟悉定额,若该分项工程说明,定额表上工作内容、表下附注说明,以及材料品种和规格等内容与设计要求一致,则可直接套用该定额分项。同时,注意分项工程或结构构

件的工程名称和单位应与定额表中的一致。

最后,套用定额项目,用工程量乘定额基价计算该分项工程费。

2. 预算定额的换算

确定某一分项工程或结构构件预算价值时,如果施工图纸设计内容与套用相应定额项目内容不完全一致,就不能直接套用定额,而应按定额规定的范围、内容和方法对相应定额项目的基价和人工、材料、机械消耗量进行调整换算。对换算后的定额项目,应在定额编号的右下角标注一个"换"字,以示区别。

预算定额的换算类型有砌筑砂浆和混凝土强度等级不同时的换算、抹灰砂浆的换算、系数的换算等。

由预算定额的换算类型可知,定额的换算绝大多数属于材料换算。一般情况下,材料换算时,人工费和机械费保持不变,仅换算材料费,而且在材料费的换算过程中,定额上的材料用量保持不变,仅换算材料的预算单价。材料换算的公式为:

换算后的基价＝换算前原定额基价＋应换算材料的定额用量
×(换入材料的单价－换出材料的单价)

1) 砌筑砂浆和混凝土强度等级不同时的换算

① 砌筑砂浆的换算。

砌筑砂浆的换算实质上是砂浆强度等级的换算。之所以要进行砌筑砂浆的换算,是因为施工图设计的砂浆强度等级与定额规定的砂浆强度等级有差异,定额又规定允许换算。在换算过程中,单位产品材料消耗量一般不变,仅换算不同强度等级的砂浆单价和材料用量。换算的步骤和方法如下:

首先,从砂浆配合比表中,找出设计的分项工程项目所用砂浆品种、强度等级,相应定额子目所用砂浆品种、强度等级,以及需要进行换算的两种砂浆每立方米的单价。

其次,计算两种不同强度等级砂浆单价的价差,从定额项目表中查出完成定额计量该分项工程需要换算的砂浆定额消耗量,以及该分项工程的定额基价。

最后,通过计算完成换算。

② 混凝土的换算。

由于混凝土强度等级不同会引起定额基价变动,必须对定额基价进行换算。在换算过程中,混凝土消耗量不变,仅调整混凝土的预算价格。因此,混凝土的换算实质就是预算单价的调整,其换算的步骤和方法基本与砌筑砂浆的换算相同。

2) 抹灰砂浆的换算

当设计图纸要求的抹灰砂浆配合比与预算定额的抹灰砂浆配合比不同时,可按设计规定调整,但人工、机械消耗量不变。换算公式为:

换算后定额基价＝原定额基价＋抹灰砂浆定额用量
×(换入砂浆单价－换出砂浆单价)

当设计图纸要求的抹灰砂浆抹灰厚度与预算定额的抹灰砂浆厚度不同时,除定额有注明厚度的项目可以换算外,其他一律不做调整。

3) 系数的换算

凡定额说明、工程量计算规则和附注中规定按定额人工、材料、机械乘以系数计价的分项工程,应将其系数乘在定额基价上或乘在人工费、材料费和机械费某一项上。工程量也应

另列项目,与不乘系数的分项工程分别计算。乘系数换算时需注意以下问题:

①要区分定额系数与工程量系数。定额系数一般在定额说明或附注中,用以调整定额基价。

如《湖北省园林绿化工程消耗量定额及全费用基价表》(2018年版)第一章"绿化工程"部分说明二"栽植花木"第3条规定:植物的起挖和栽植是按一、二类土考虑的,如为三类土,人工乘以系数1.34;为四类土,人工乘以系数1.76。

第一章"绿化工程"说明三"绿化养护"第3条规定:绿化保存养护分为三个养护等级,养护等级标准按《湖北省城市园林绿化养护管理标准》确定,定额项目按二级养护标准编制,实际养护为一级养护标准时,定额项目乘以系数1.22,实际养护为三级养护标准时,定额项目乘以系数0.78。

第一章"绿化工程"说明三"绿化养护"第4条规定:成活期养护指绿化工程竣工验收前的苗木养护。绿化成活养护定额按月编制,每月按30天计算,实际养护时间以甲乙双方约定的养护期限按时间比例换算,如无约定,一般可按三个月计算。

第一章"绿化工程"说明三"绿化养护"第5条规定:保存期养护指绿化工程竣工验收后至苗木移交之日止的养护。绿化保存养护定额按年编制,每年按365天计算,实际养护期非一年的,以甲乙双方确定的养护期限按时间比例换算。

②要区分定额系数的具体调整对象。有的系数用以调整定额基价,有的系数用以调整其中的人工、材料或机械费。

③按定额说明、工程量计算规则和附注中的有关规定进行换算。

三、概算定额

(一)概念

概算定额是,在预算定额基础上,确定完成合格的单位扩大分项工程或单位扩大结构构件所需消耗的人工、材料和施工机械台班的数量标准及其费用标准。

(二)编制原则

概算定额是预算定额的综合与扩大。预算定额中有联系的若干个分项工程项目可被综合为一个概算定额项目。概算定额主要用于设计概算的编制。

(三)作用

(1)概算定额是在初步设计阶段编制概算、扩大初步设计阶段编制修正概算的主要依据。

(2)概算定额是设计方案比较、编制建设项目主要材料需用量的计算基础。

(3)概算定额是控制施工图预算、概算指标的依据。

(四)概算定额示例

概算定额示例见表1-9。

表 1-9　现浇钢筋混凝土柱概算基价

工作内容:模板制作、安装、拆除,钢筋制作、安装,混凝土浇捣、抹灰、刷浆

计量单位:10 m³

概算定额编号	4-3
项目	矩形柱
	周长 1.8 m 以内
基价	19 200.76
其中 人工费/元	7 888.40
材料费/元	10 272.03
机械费/元	1 040.33

四、概算指标

(一)概念

概算指标通常是以单位工程为对象,以建筑面积、体积或成套设备装置的台或组为计量单位而规定的人工、材料、机械台班的消耗量标准和造价指标。

(二)概算定额和概算指标的区别

(1)概算定额是以单位扩大分项工程或单位扩大结构构件为对象,而概算指标则是以单位工程为对象。概算指标比概算定额更加综合与扩大。

(2)概算定额以现行预算定额为基础;概算指标中各种消耗量指标的确定,则主要来自各种预算或结算资料。

(三)作用

概算指标主要用于初步设计阶段,和概算定额、预算定额一样,都是与各个设计阶段相适应的多次计价的产物,其作用有:

(1)概算指标可以作为编制投资估算的参考,是初步设计阶段编制概算书、确定工程概算造价的依据。

(2)概算指标中的主要材料指标可作为匡算主要材料用量的依据;概算指标是设计单位进行设计方案比较、建设单位选址的一种依据。

(3)概算指标是编制固定资产投资计划、确定投资额的主要依据,是建筑企业编制劳动力和材料计划、实行经济核算的依据。

(四)概算指标示例

北方一般小区的绿化造价为 300~500 元/m²,南方一般小区的绿化造价为 500~700 元/m²,价格有一定的差异。由此可知,小区地域不同,绿化价格有所不同。

概算指标示例见表 1-10。

表 1-10 内浇外砌住宅经济指标

单位:100 m² 建筑面积/元

项目		合计	其中			
			直接费	间接费	利润	税金
单方造价		30 422	21 860	5 576	1 893	1 093
其中	土建	26 133	18 778	4 790	1 626	939
	水暖	2 565	1 843	470	160	92
	电气照明	1 724	1 239	316	107	62

对××校园景观工程中的两个分项工程,以 2018 年版《湖北省园林绿化工程消耗量定额及全费用基价表》为依据,完成定额的套用及换算。

工作 1:该校园景观工程带土球栽植胸径为 2 cm 的银杏 50 株,计算完成该分项工程的全费用。

工作 2:该校园景观工程栽植的胸径为 2 cm 的银杏 50 株需成活养护 3 个月,计算完成该分项工程的费用。

正确套用园林预算定额是园林工程预决算计价的重要工作,当设计内容与定额项目内容一致时可直接套用,若不一致需根据实际情况进行材料换算或系数换算。

一、准备工作

(1)收集施工图纸、预算定额、施工组织设计、材料市场价或信息价等。
(2)阅读施工图纸和设计说明,熟悉施工内容。
(3)熟悉工程预算定额及相关计算规则和说明。

二、套用预算定额计算

(一)预算定额的直接套用

工作 1:该校园景观工程带土球栽植胸径为 2 cm 的银杏 50 株,计算完成该分项工程的全费用。

解:(1)确定定额编号,查得全费用基价。

银杏为落叶乔木,根据《湖北省园林绿化工程消耗量定额及全费用基价表》第一章"绿化工程"的说明二"栽植花木"第 4 条,带土球乔木和灌木,土球的规格按设计要求确定。当设计无规定时,按以下规定计算:

①常绿乔木按胸径的 9 倍;

②落叶乔木按胸径的 8 倍；

③灌木按地径的 7 倍或冠丛高的 1/4。

确定银杏的土球直径为 16 cm，则定额编号为 E1-140，查得：栽植乔木（带土球）土球直径 20 cm 以内，全费用为 5.62 元。

(2) 计算该分项工程费：

$$工程费用 = 定额全费用 \times 工程量$$
$$= 5.62 \text{ 元/株} \times 50 \text{ 株} = 281 \text{ 元}$$

（二）预算定额的换算

工作 2：该校园景观工程栽植的胸径为 2 cm 的银杏 50 株需成活养护 3 个月，计算完成该分项工程的费用。

解：查《湖北省园林绿化工程消耗量定额及全费用基价表》，成活养护定额子目是按月编制的，根据第一章"绿化工程"说明三"绿化养护"第 4 条，实际养护时间以甲乙双方约定的养护期限按时间比例换算，定额项目乘以系数 3。

查定额 E1-372，全费用＝981.11 元/100 株·月，则：

$$换算后全费用 = 981.11 \text{ 元}/100 \text{ 株} \times 3$$
$$= 2\,943.33 \text{ 元}/100 \text{ 株}$$
$$分项工程费用 = 定额全费用 \times 工程量$$
$$= 2\,943.33 \text{ 元}/100 \text{ 株} \times 50 \text{ 株} = 1\,471.67 \text{ 元}$$

任务考核表见表 1-11。

表 1-11　任务考核表 2

序号	考核内容	考核标准	配分	考核记录	得分
1	收集预算相关资料	资料准备充分、完整	20		
2	熟悉施工内容	正确理解施工内容和施工工艺	20		
3	定额直接套用	定额套用正确	20		
4	定额材料换算	换算正确，符合要求	20		
5	定额系数换算	换算正确，符合要求	20		
		合计	100		

复习提高

专任教师提供包含园林绿化、园路、园桥、景观等内容的工程施工图，要求学生列出分项工程，结合本地区园林工程预算定额，完成预算定额的套用并进行相应换算。

思考题

1. 预算定额、概算定额、概算指标有何异同？
2. 预算定额有什么作用？
3. 试计算栽植 50 株胸径为 10 cm 的广玉兰的费用。

4. 试计算成活养护 3 个月、保存养护 9 个月 50 株胸径为 10 cm 的广玉兰的费用。

任务 3　园林工程施工图纸识读

能力目标

1. 能正确识读园林工程施工图；
2. 能根据园林工程施工图纸确定施工工艺及工序。

知识目标

1. 了解园林工程施工图纸内容；
2. 掌握园林工程施工图纸识读要点和方法。

基本知识

一、园林工程施工图纸

（一）图纸编号

小型项目——可以按照园林、建筑及结构、给水排水、电气等专业进行图纸编号。

大型项目——可以按照园林、建筑、结构、给水排水、电气、材料附图等进行图纸编号。

建筑施工图可以缩写为"建施"(JS)，给水排水施工图可以缩写为"水施"(SS)，绿化工程施工图可以缩写为"绿施"(LS)。

（二）图纸内容

(1)图纸目录：主要说明该套图纸有几类专业，各类图纸有几张，以及说明每张图纸的图号、图名、图幅大小等。一般用来查找图纸。

(2)设计说明：包括施工图设计依据、标准、常规做法、植物及种植要求等。

(3)索引图：用索引符号引出需画详图的部分，索引符号注明画出详图的位置、编号以及详图所在的图纸编号。

(4)园林总平面图：园林构成要素如山水地形、植物、园林建筑小品、广场道路等布局位置的水平投影，主要反映各园林要素的位置关系。

(5)竖向设计图：反映各园林要素的高程。

(6)园林种植施工图：表示植物种植位置、种类、数量、规格及种植类型的平面图。

(7)园林电气施工图：由设计说明、主要材料设备表、系统图、平面布置图、控制原理图、安装接线图、安装大样图(详图)等几部分组成。

(8)园林给水排水施工图：由设计说明、平面图、管线纵断面图、节点详图等几部分组成。

二、园林工程图纸识读方法

识读方法为：总体了解、顺序识读、前后对照、重点细读。

 学习任务

查看××庭院景观工程施工图纸(部分),正确识读图纸,见图1-3至图1-14(见插页),了解施工图纸包含的内容,为后面施工图算量做准备。

 任务分析

正确识读园林工程施工图是园林预决算的基础,只有全面了解施工图纸内容,才能正确计算工程量,进行园林预决算费用的计算。

任务实施

一、准备工作

收集施工图纸,阅读图纸目录,总体了解预算定额、施工组织设计、材料市场价或信息价等。

二、识读各专业图纸

(1)总平面图识读。
(2)竖向设计识读。
(3)铺装识读。
(4)植物种植识读。

 任务考核

任务考核表见表1-12。

表1-12 任务考核表3

序号	考核内容	考核标准	配分	考核记录	得分
1	图纸目录	图纸齐全	10		
2	设计说明	理解设计说明内容	10		
3	总平面图	理解总平面图,掌握工程内容	20		
4	竖向设计图	理解地形设计意图	20		
5	园林景观图	理解平面图、立面图、剖面图及结构做法	20		
6	种植设计图	理解植物种植内容,理解苗木表	20		
		合计	100		

 复习提高

专任教师提供包含园林绿化、园路、园桥、景观等内容的工程施工图,要求学生看懂施工图纸,完成绿化工程、铺装工程、园林景观工程的施工图纸识读。

项目二 园林工程工程量计算及工程量清单编制

工程量计算是园林工程造价的一项重要工作，它是编制施工图预算的重要依据，工程量计算是否准确，直接关系到工程造价是否准确；工程量是施工企业编制施工作业计划，合理安排施工进度，组织和安排材料和构件、物资供应的重要数据；它还是基本建设财务管理和会计核算的重要依据。

一、工程量的含义

工程量是以物理计量单位或自然单位来表示的各个具体工程和结构配件的数量。物理计量单位一般用来表示长度、面积、体积、重量等，如栽植绿篱、管道、线路的长度用米(m)表示，整理绿化用地、园路的面积用平方米(m^2)表示，堆筑土山丘、砌筑工程、混凝土梁等的体积用立方米(m^3)表示，堆砌石假山、金属构件的重量用吨(t)表示。其他则采用自然单位，如栽植乔灌木以株计算，喷泉喷头安装以套计算，园桥石望柱以根计算等。

工程量是根据设计图纸规定的各个分部分项工程的尺寸、数量以及设备明细表等具体计算出来的。计算工程量是编制工程量清单的重要环节。

二、工程量计算原则

1.计算口径要一致

计算分项工程项目的工作内容和范围，必须同预算定额、《建设工程工程量清单计价规范》或《园林绿化工程工程量计算规范》中相应项目的工作内容和范围一致，不能重复列项、漏项。

2.计算规则要一致

计算工程量时必须遵循本地区现行的预算定额或《园林绿化工程工程量计算规范》中的工程量计算规则。

例如，在计算栽植绿篱工程量时，应按中心线长度计算绿篱，如果以绿篱的任意一侧计算，就可能发生多算或少算工程量的现象。

3.计量单位要一致

按施工图计算工程量时，所列的各项工程的计量单位，必须与定额中相应项目的计量单位一致。

三、工程量计算顺序

1.按定额或《园林绿化工程工程量计算规范》的编排顺序列项

应按照定额手册或《园林绿化工程工程量计算规范》所排列的分部分项顺序列项，依次进行计算，如按绿地整理、栽植乔木、栽植灌木、园路等分部分项进行计算。

2. 按施工顺序列项计算

按施工顺序列项计算的方法是按施工的先后顺序安排工程量的计算顺序。如园路工程是按开挖路槽、碎石垫层、混凝土垫层、面层等列项计算。

3. 按顺时针方向列项计算

按顺时针方向列项计算的方法是指,从平面图的左上角开始,从左到右按顺时针方向环绕一周,再回到左上角,按这一顺序列项计算。

4. 按先横后竖、先上后下、先左后右的顺序列项计算

按先横后竖、先上后下、先左后右的顺序列项计算的方法是指:在同一平面图上有纵横交错的墙体时,可按照先横后竖的顺序进行计算;计算横墙时先上后下,横墙间断时先左后右;计算竖墙时先左后右,竖墙间断时先上后下。如计算内墙基础、内墙砌筑、内墙墙身防潮等均按上述顺序进行计算。

5. 按构件的分类和编号顺序列项计算

按构件的分类与编号顺序列项计算的方法是指,对各类不同的构件、配件,如空心板、平板、过梁、单梁、门窗等,就其自身的编号(如柱 Z1、Z2……,梁 L1、L2……,门 M1、M2……)分别依次列表计算。这种分类编号列表计算的方法,既方便检查核对,又能简化计算式,因此各类构件均可采用此方法计算工程量。

四、工程量计算的具体步骤

1. 确定分部分项工程名称

根据施工图纸,并结合施工方案的有关内容,按照一定的计算顺序逐一列出分项工程项目名称,所列的分项工程项目名称与采用的预算定额中对应项目名称要一致。

2. 列出工程量计算式

列出分项工程项目名称后,根据施工图纸所示的比例、尺寸、数量和工程量计算规则(详见相关工程的工程量计算规则与定额中有关说明)分别列出计算公式。工程量通常按表格进行填写。

3. 算出计算式结果

根据所列计算式,准确地计算其结果。

4. 调整计算单位

工程量计算通常用物理计量单位和自然单位来表示,如米(m)、平方米(m^2)、立方米(m^3)、株等,而预算定额中往往以 10 米(10 m)、10 平方米(10 m^2)或 100 平方米(100 m^2)、10 立方米(10 m^3)或 100 立方米(100 m^3)、10 株或 100 株等为计算单位。因此,必须将计算的工程量单位按预算定额中相应项目规定的计量单位进行调整,使计算单位达到统一,以便进行各项工程量的计算。

将以上 4 项内容填入表 2-1,即完成定额工程量的计算。

表 2-1 工程量计算表

工程名称：

序号	分部分项工程名称	单位	工程量	工程量计算式（工程量表达式）

清单工程量须按照现行的《建设工程工程量清单计价规范》中所列的工程项目和计算规则进行计算。

五、清单工程量与基础定额工程量

清单工程量计算规则与基础定额工程量计算规则的联系主要表现在：清单工程量计算规则是在基础定额工程量计算规则的基础上发展起来的，它大部分保留了基础定额工程量计算规则的内容和特点，是基础定额工程量计算规则的继承和发展。

清单工程量和基础定额工程量的区别主要体现在如下几个方面。

1. 计算依据

基础定额工程量和清单工程量是两个不同的概念。基础定额工程量需根据预算定额工程量计算规则进行计算，清单工程量则需根据工程量清单计价规范规定进行计算。

2. 计量单位

工程量清单项目的计量单位一般采用基本计量单位，如 m、kg、t 等。基础定额工程量的计量单位则有时出现复合单位，如 $1\ 000\ m^3$、$100\ m^2$、10 m、100 kg 等，但是大部分计量单位与相应定额子项的计量单位一致。

3. 计算口径及综合内容

工程量清单是按实际完成完整实体项目所需工程内容列项，并以主体工程的名称作为工程量清单项目的名称。基础定额工程量计算规则未对工程内容进行组合，仅计算单一的工程内容，其组合的是单一工程内容的各个工序。

4. 计算方法

清单项目工程量均以工程实体的净值为准，一般都是工程实体消耗的实际用量，按照施工图纸计算。基础定额工程量是施工工程量，在计算时要考虑施工方法、现场环境、地质等多方面的因素，一般包括实体工程中实际用量和损耗量。一般情况下定额工程量大于清单工程量。

5. 计算的主体

清单工程量由招标人计算，是以招标文件的形式提供给投标人的，不属于投标人的竞争部分，由于工程量的错误及变更引起的工程量变更风险由招标人承担。在定额模式下定额工程量是由投标人计算并承担相应风险的。

技能要求

- 能进行绿化工程工程量计算及工程量清单编制
- 能进行园路园桥工程工程量计算及工程量清单编制

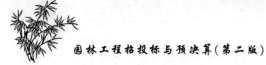

- 能进行园林景观工程工程量计算及工程量清单编制

知识要求

- 熟悉工程量计算依据
- 掌握工程量计算方法及步骤
- 掌握工程量计算规则
- 掌握工程量清单编制方法

任务1 绿化工程工程量计算及工程量清单编制

能力目标

1. 能计算绿化工程工程量；
2. 能编制绿化工程工程量清单。

知识目标

1. 了解绿化工程工程量计算相关规则及说明；
2. 掌握工程量清单编制方法和步骤。

一、相关术语

(1) 胸径：乔木主干离地表面1.2 m高处的直径。

(2) 地径：也称基径，指起苗时离地表面0.1 m高处树干的直径。

(3) 冠径：又称冠幅，应为苗木冠丛垂直投影面的最大直径和最小直径的平均值。

(4) 冠丛高：从地表面至乔(灌)木正常生长顶端的垂直高度。

(5) 蓬径：灌木、灌丛垂直投影面的直径。

(6) 定干高度：乔木从地面至树冠分枝处(即第一分枝点)的高度。

(7) 干径：地表面向上0.3 m高处树干直径。

(8) 株高：应为地表面至树顶端的高度。

(9) 篱高：应为地表面至绿篱顶端的高度。

(10) 生长期：应为苗木种植至起苗的时间。

(11) 养护期：应为招标文件中要求苗木种植结束、竣工验收通过后承包人负责养护的时间。

(12) 种植土：也称好土，指理化性能好，结构疏松，通气、保水、保肥能力强，适宜于园林植物生长的土壤。

(13) 种植穴(槽)：种植植物挖掘的坑穴。坑穴为圆形或方形称种植穴，长条形的称种植槽。

(14) 土球：挖掘苗木时，按一定规格切断根系、保留土壤呈圆球状加以捆扎包装的苗木根部。

(15)裸根苗木:挖掘苗木时根部不带土或带宿土(即起苗后轻抖根系保留的土壤)。

(16)修剪:在种植前对苗木的树干和根系进行疏枝和短截。对枝干的修剪称修枝,对根的修剪称修根。

(17)乔木:有明显主干,各级侧枝区别较大,分枝离地较高的树木。

(18)灌木:无明显主干,分枝离地较近,分枝较密的木本植物。

(19)木本植物:茎有木质层、质地坚硬的植物。

(20)散生竹:地面到竹丛间只有一个主干的单根种植竹。

(21)丛生竹:自根颈处生长出数根主干的以丛种植的竹。

(22)绿篱:成行(片)密植,修剪而成的植物墙,可用以代替篱笆、栏杆和墙垣,具有分隔、防护或装饰作用。

(23)普通花坛:成片种植的花卉或观叶植物,本身无规则图形,无图案式样等要求。

(24)彩纹图案花坛:又称模纹花坛或毛毡花坛,是按照花、叶外形、色彩配置成多层次几何图案、文字的花坛。

(25)造型植物:人为修剪成球、柱、动物等特定形体的植物。

(26)攀缘植物:以某种方式攀附于其他物体上生长,主干茎不能直立的植物。

(27)地被植物:株丛密集、低矮,用于覆盖地面的植物,包括贴近地面、匍匐生长的草本和木本植物。

(28)植生带:采用有一定的韧性和弹性的无纺布,在其上均匀撒播种子和肥料而培植出来的地毯式草坪种植生带。

(29)大树:胸径 8 cm 以上 12 cm 以下带土球的乔木,胸径 10 cm 以上 15 cm 以下裸根移植的乔木,超过上述范围为特大树;蓬径达到 150 cm 以上 200 cm 以下裸根移植的灌木,超过上述范围为特大树。球形植物(含整形植物)蓬径 80 cm 以上 150 cm 以下为大树,超过此范围为特大树。

(30)名贵树:国家明文规定为一类保护树木及当地稀有的特大规格树木。

(31)栽植期养护:绿化种植工程定额所包含的施工期内的养护。苗木、花卉栽植包括 10 天以内的养护工作。

(32)绿化工程竣工验收时间,应符合下列规定:

①新种植的乔木、灌木、攀缘植物,在一个年生长周期满后方可验收。

②地被植物应在当年成活后,郁闭度达到 80% 以上时进行验收。

③花坛种植的一、二年生花卉及观叶植物,应在种植 15 天后进行验收。

④春季种植的宿根花卉、球根花卉,应在当年发芽出土后进行验收。秋季种植的应在第二年春季发芽出土后验收。

二、绿化工程定额工程量计算规则及使用说明

(一)工程量计算规则

1. 绿地整理

(1)伐树、挖树根按数量计算。

(2)砍挖灌木丛及根,砍挖竹、芦苇及根,清除草皮及地被植物均按面积计算。

(3)乔灌木栽植人工换土按数量计算。

(4)整理绿化用地按设计图示尺寸以面积计算。

(5)绿地起坡造型按设计图示尺寸以体积计算。

(6)花木废弃物运输按体积计算。

2.栽植花木

(1)乔灌木起挖和栽植按设计图示数量计算。

(2)散生竹、丛生竹的起挖和栽植均按设计图示数量计算。

(3)绿篱起挖和栽植按设计图示长度以延长米计算。

(4)色带植物起挖和栽植按设计图示尺寸以绿化水平投影面积计算。

(5)攀缘植物栽植按设计图示数量计算。

(6)地被植物栽植按设计图示尺寸以绿化水平投影面积计算。

(7)水生植物栽植按设计图示数量计算。

(8)卡盆缀花、穴盘苗栽植按设计图示尺寸以面积计算。

(9)立体花卉根据种类、规格分别按数量、面积计算。

(10)填充基质按照不同基质配比以体积计算。

(11)穴盘苗缀花绷布塑形,按绿化投影面积计算。

(12)铺设草坪基质、草皮起挖和铺种、喷播植草籽、植草砖内植草均按设计图示尺寸以绿化投影面积计算。

(13)垂直绿化墙及基层,按设计图示面积计算;爬藤钢索按设计图示数量计算。

(14)大树迁移机械运输、假植、树木修剪均按设计图示数量计算。

(15)机械灌洒:带土球、裸根乔灌木、丛生竹、木箱苗木、攀缘植物均按设计图示数量计算;绿篱按设计图示长度以延长米计算;色带、草皮及花卉按设计图示尺寸以绿化水平投影面积计算。

3.绿化养护

(1)乔木、灌木、竹类、球形植物、攀缘植物均按设计图示数量以"株·月"或"株·年"计算。

(2)单排、双排绿篱按设计图示长度以"m·月"或"m·年"计算。

(3)露地花卉、地被植物、水生植物、草坪按设计图示尺寸以"m^2·月"或"m^2·年"计算。

(4)卡盆缀花、穴盘苗按设计图示尺寸以"m^2·月"或"m^2·年"计算。

4.屋面绿化

(1)回填级配卵石、种植土按设计图示尺寸以体积计算。

(2)软式透水管、透水管安装按设计图示长度以延长米计算。

(3)苗木栽植,按设计图示数量计算;苗木养护,按图示面积计算。

(4)喷头、滴头、滴灌管、快速取水阀、成品阀门箱、控制器、灌溉用电磁阀按设计图示数量计算。

(二)定额使用说明

1. 绿地整理

(1)清理场地或土厚在 30 cm 内的挖、填、找平或绿地整理,均套用整理绿地项目。整理绿地不包括栽植前绿化场地内建筑垃圾及其他障碍物的清除外运。

(2)种植土换填项目,50 m 以内的土方运距已在定额中综合考虑,超过 50 m 的土方运距按土石方定额有关项目执行。

2. 栽植花木

(1)栽植花木定额包括栽植前的准备,栽植时的工料和机械,栽植后绿化场地周围 2 m 内的清理,以及苗木、花卉(含草皮)栽植后 10 天以内的养护工作。

定额项目中已综合考虑材料(不包括外购苗木)场内距离≤50 m 的搬运就位。

(2)植物的起挖和栽植是按一、二类土考虑的,如为三类土,人工乘以系数 1.34;为四类土,人工乘以系数 1.76。

(3)带土球乔木和灌木,土球的规格按设计要求确定。当设计无规定时,按以下规定计算:

①常绿乔木按胸径的 9 倍;

②落叶乔木按胸径的 8 倍;

③灌木按地径的 7 倍或冠丛高的 1/4。

(4)带土球灌木的起挖和栽植,当土球直径超过 140 cm 时,按带土球乔木相应定额执行,且人工乘以系数 1.05。

(5)棕榈类植物的起挖和栽植,当设计无规定时,带土球起挖的土球直径按地径的 5 倍计算,套用相应的乔木项目;裸根起挖按地径大小套用相应的裸根乔木项目。

(6)当乔木、灌木的起挖和栽植在以下情况时,另行计算:

①带土球乔木的起挖和栽植,当土球直径超过 280 cm 时;

②裸根乔木的起挖和栽植,当胸径超过 45 cm 时;

③裸根灌木的起挖和栽植,当冠丛高超过 250 cm 时;

④名贵树木的起挖和栽植。

(7)丛生竹的根盘直径,按设计要求确定。当设计无规定时,按表 2-2 的规定计算。

表 2-2 丛生竹计算规定

丛生竹株数	根盘直径/cm	丛生竹株数	根盘直径/cm
5	30	30	60
10	40	40	70
20	50	50	80

(8)栽植花木定额以原土回填为准,如需换土,另按换土定额项目执行。

(9)栽植定额项目材料中未包含肥料,设计如有要求或实际施加肥料,可另行计算,其他不变。

(10)栽植花木定额中未包括苗木、花卉、草皮、草种的费用,使用时按相应的苗木数量和价格计算,并计入材料费中。

(11)苗木、花卉、草皮、草种的数量,应按设计数量加上规定的损耗计算,其栽植苗木损耗率为:苗木损耗率=(1-成活率)×100%。定额苗木损耗率按常用类型取定,当与定额取定的情况不同时,苗木损耗率按定额相关规定进行调整。

植物栽植成活率指标如下(不含屋顶绿化):

①乔木:胸径 15 cm 以内 98%,胸径 15 cm 以上 95%,名贵树木 100%。

②灌木:98%。

③竹类:98%。

④针叶、阔叶绿篱:98%。

⑤攀缘植物、色块、花卉、地被:95%。

⑥水生植物:95%。

⑦草花:95%。

⑧草皮:90%。

卡盆花卉缀花,花坛总高为 5 m 以上时,高度每增加 1 m,成品卡盆花卉损耗率增加 1%。

屋顶绿化植物栽植成活率指标如下:

①乔木:98%。

②灌木、藤本:95%。

③针叶、阔叶绿篱:95%。

④竹类:95%。

⑤花卉:95%。

⑥草皮:90%。

以上指标适用一、二类土栽植地点,三类土时成活率下调 2%,四类土时成活率下调 3%。

机械灌洒,适用于绿化施工现场没有水源提供的情况。当绿化工程施工现场内建设单位不能提供水源时,按栽植花木相应定额子目另行计算机械灌洒费用。

(12)树木修剪,只适用于为保证乔木成活而在种植前进行的剪枝、摘叶。

(13)如在屋顶花园栽植及垂直绿化施工,垂直运输费用另行计算。

(14)反季节栽植。符合下列条件之一的属反季节栽植:

①当月平均气温超过 22 ℃时的树木栽植;

②长江流域 5 月中旬至 9 月上旬时的树木栽植;

③落叶树种在其展叶后落叶前的栽植。

反季节栽植难度增加的处理办法:

①起挖、栽植乔木按胸径的 11 倍套用相关定额计算,起挖、栽植灌木比照相邻大一规格的定额计算;

②增加修剪摘叶和遮阳棚处理费用;

③增加人工喷雾费用(据实结算);

④增加生根剂处理费用(据实结算)。

3. 绿化养护

(1)绿化养护定额适用于园林植物栽植后至竣工验收移交期间的绿化栽植工程养护,栽植工程养护包括栽植期养护(含在栽植定额内)、成活期养护和保存期养护。不适用园林植物竣工验收移交后的日常管理期养护,日常管理期养护另按《湖北省城市园林绿化养护消耗量定额及基价表》执行。

(2)绿化成活养护不分养护等级,均按定额执行。

(3)绿化保存养护分为三个养护等级,养护等级标准按《湖北省城市园林绿化养护管理标准》确定,定额项目按二级养护标准编制。实际养护为一级养护标准时,定额项目乘以系数1.22;实际养护为三级养护标准时,定额项目乘以系数0.78。

成活期养护指绿化工程竣工验收前的苗木养护,自栽植期至绿化工程进行验收之日止。绿化成活养护定额按月编制,每月按30天计算,实际养护时间以甲乙双方约定的养护期限按时间比例换算,如无约定,一般可按三个月计算,不大于一年。

(4)保存期养护指绿化工程竣工验收后至苗木移交之日止的养护,自验收之日起(不包括验收之日)至苗木移交之日止。绿化保存养护定额按年编制,每年按365天计算,实际养护期非一年的,以甲乙双方确定的养护期限按时间比例换算。

(5)绿化养护定额中,采用自动喷淋系统且能满足植物灌溉需求的,相应人工乘以系数0.7。

(6)绿化养护定额包括了绿化养护工作中所需的人工、材料、机械台班用量,未包括以下内容,如发生以下情况,双方协商据实计算:

①苗木因调整而发生的挖掘、移植等工程内容;

②绿化围栏、花坛等设施因维护而发生的土建材料的费用;

③立体绿化、水生植物等因特殊养护要求而发生的用水增加费用;

④因抗旱、排涝所发生的增加费用。

(7)因疏植而发生的多余苗木,产权归甲方所有。

(8)养护期间的水平运输费用,已在定额中综合考虑,不再调整。

(9)立体卡盆花卉缀花,养护期自花卉上卡盆后开始计算;立体穴盘苗缀花,养护期自花卉栽植后计算。

三、园林绿化工程清单工程量计算规则

在《园林绿化工程工程量计算规范》(GB 50858—2013)中,绿化工程包括三个部分,分别是绿地整理、栽植花木和绿地喷灌。

1. 绿地整理清单工程量计算规则

绿地整理工程量清单项目设置、项目特征描述的内容、计量单位、工程量计算规则应按表2-3的规定执行。

表 2-3 绿地整理(编码:050101)

项目编码	项目名称	项目特征	计量单位	工程量计算规则	工作内容
050101001	砍伐乔木	树干胸径	株	按数量计算	1. 砍伐 2. 废弃物运输 3. 场地清理
050101002	挖树根(蔸)	地径	株	按数量计算	1. 挖树根 2. 废弃物运输 3. 场地清理
050101003	砍挖灌木丛及根	丛高或蓬径	株、m^2	1. 以株计量,按数量计算 2. 以 m^2 计量,按面积计算	1. 砍挖 2. 废弃物运输 3. 场地清理
050101004	砍挖竹及根	根盘直径	株(丛)	按数量计算	1. 砍挖 2. 废弃物运输 3. 场地清理
050101005	砍挖芦苇(或其他水生植物)及根	根盘丛径	m^2	按面积计算	1. 砍挖 2. 废弃物运输 3. 场地清理
050101006	清除草皮	草皮种类	m^2	按面积计算	1. 除草 2. 废弃物运输 3. 场地清理
050101007	清除地被植物	植物种类	m^2	按面积计算	1. 清除植物 2. 废弃物运输 3. 场地清理
050101008	屋面清理	1. 屋面做法 2. 屋面高度		按设计图示尺寸以面积计算	1. 原屋面清扫 2. 废弃物运输 3. 场地清理
050101009	种植土回(换)填	1. 回填土质要求 2. 取土运距 3. 回填厚度 4. 弃土运距	m^3、株	1. 以 m^3 计量,按设计图示回填面积乘以回填厚度以体积计算 2. 以株计量,按设计图示数量计算	1. 土方挖、运 2. 回填 3. 找平、找坡 4. 废弃物运输

续表

项目编码	项目名称	项目特征	计量单位	工程量计算规则	工作内容
050101010	整理绿化用地	1. 回填土质要求 2. 取土运距 3. 回填厚度 4. 找平找坡要求 5. 弃渣运距	m²	按设计图示尺寸以面积计算	1. 排地表水 2. 土方挖、运 3. 耙细、过筛 4. 回填 5. 找平、找坡 6. 拍实 7. 废弃物运输
050101011	绿地起坡造型	1. 回填土质要求 2. 取土运距 3. 起坡平均高度	m³	按设计图示尺寸以面积计算	1. 排地表水 2. 土方挖、运 3. 耙细、过筛 4. 回填 5. 找平、找坡 6. 废弃物运输
050101012	屋顶花园基底处理	1. 找平层厚度、砂浆种类、强度等级 2. 防水层种类、做法 3. 排水层厚度、材质 4. 过滤层厚度、材质 5. 回填轻质土厚度、种类 6. 屋面高度 7. 阻根层厚度、材质、做法	m²	按设计图示尺寸以面积计算	1. 抹找平层 2. 防水层铺设 3. 排水层铺设 4. 过滤层铺设 5. 填轻质土壤 6. 阻根层铺设 7. 运输

注:①整理绿化用地项目包含厚度为 300 mm 以内的回填土,厚度为 300 mm 以上的回填土应按房屋建筑与装饰工程计量规范相应项目编码列项。

②绿地起坡造型,适用于松(抛)填。

2. 栽植花木清单工程量计算规则

栽植花木清单项目设置、项目特征描述的内容、计量单位、工程量计算规则如表 2-4 所示。

表 2-4　栽植花木(编码:050102)

项目编码	项目名称	项目特征	计量单位	工程量计算规则	工作内容
050102001	栽植乔木	1.种类 2.胸径及干径 3.株高、冠径 4.起挖方式 5.养护期	株	按设计图示数量计算	1.起挖 2.运输 3.栽植 4.养护
050102002	栽植灌木	1.种类 2.根盘直径 3.冠丛高 4.蓬径 5.起挖方式 6.养护期	株或 m²	1.以株计量,按设计图示数量计算 2.以 m² 计量,按设计图示尺寸以绿化水平投影面积计算	
050102003	栽植竹类	1.竹种类 2.竹胸径或根盘丛径 3.养护期	株(丛)	按设计图示数量计算	
050102004	栽植棕榈类	1.种类 2.株高、地径 3.养护期	株		
050102005	栽植绿篱	1.绿篱种类 2.篱高 3.行数、蓬径 4.单位面积株数 5.养护期	m、m²	1.以 m 计量,按设计图示长度以延长米计算 2.以 m² 计量,按设计图示尺寸以绿化水平投影面积计算	
050102006	栽植攀缘植物	1.植物种类 2.地径 3.单位长度株数 4.养护期	株、m	1.以株计量,按设计图示数量计算 2.以 m 计量,按设计图示种植长度以延长米计算	
050102007	栽植色带	1.苗木、花卉种类 2.株高或蓬径 3.单位面积株数 4.养护期	m²	按设计图示尺寸以绿化水平投影面积计算	

续表

项目编码	项目名称	项目特征	计量单位	工程量计算规则	工作内容
050102008	栽植花卉	1.花卉种类 2.株高或蓬径 3.单位面积株数 4.养护期	株(丛、缸)、m^2	1.以株(丛、缸)计量,按设计图示数量计算 2.以 m^2 计量,按设计图示尺寸以水平投影面积计算	1.起挖 2.运输 3.栽植 4.养护
050102009	栽植水生植物	1.植物种类 2.株高或蓬径或芽数/株 3.单位面积株数 4.养护期	丛(缸)、m^2		
050102010	垂直墙体绿化种植	1.植物种类 2.生长年数或地(干)径 3.栽植容器材质、规格 4.栽植基质种类、厚度 5.养护期	m^2、m	1.以 m^2 计量,按设计图示尺寸以绿化水平投影面积计算 2.以 m 计量,按设计图示种植长度以延长米计算	1.起挖 2.运输 3.栽植容器安装 4.栽植 5.养护
050102011	花卉立体布置	1.草本花卉种类 2.高度或蓬径 3.单位面积株数 4.种植形式 5.养护期	单体(处)、m^2	1.以单体(处)计量,按设计图示数量计算 2.以 m^2 计量,按设计图示尺寸以面积计算	1.起挖 2.运输 3.栽植 4.养护
050102012	铺种草皮	1.草皮种类 2.铺种方式 3.养护期	m^2	按设计图示尺寸以绿化投影面积计算	1.起挖 2.运输 3.铺底砂(土) 4.栽植 5.养护
050102013	喷播植草(灌木)籽	1.基层材料种类规格 2.草(灌木)籽种类 3.养护期	m^2	按设计图示尺寸以绿化投影面积计算	1.基层处理 2.坡地细整 3.喷播 4.覆盖 5.养护
050102014	植草砖内植草	1.草坪种类 2.养护期			1.起挖 2.运输 3.覆土(砂) 4.铺设 5.养护

续表

项目编码	项目名称	项目特征	计量单位	工程量计算规则	工作内容
050102015	挂网	1. 种类 2. 规格	m²	按设计图示尺寸以挂网投影面积计算	1. 制作 2. 运输 3. 安放
050102016	箱/钵栽植	1. 箱/钵体材料品种 2. 箱/钵外形尺寸 3. 栽植植物种类、规格 4. 土质要求 5. 防护材料种类 6. 养护期	个	按设计图示箱/钵数量计算	1. 制作 2. 运输 3. 安放 4. 栽植 5. 养护

注：①挖土外运、借土回填、挖(凿)土(石)方应包括在相关项目内。
②苗木移(假)植应按花木栽植相关项目单独编码列项。
③土球包裹材料、树体输液保湿及喷洒生根剂等费用应包含在相应项目内。

3. 绿地喷灌清单工程量计算规则

绿地喷灌工程量清单项目设置、项目特征描述的内容、计量单位、工程量计算规则应按表 2-5 的规定执行。

表 2-5　绿地喷灌(编码：050103)

项目编码	项目名称	项目特征	计量单位	工程量计算规则	工作内容
050103001	喷灌管线安装	1. 管道品种、规格 2. 管件品种、规格 3. 管道固定方式 4. 防护材料种类 5. 油漆品种、刷漆遍数	m	按设计图示管道中心线长度以延长米计算，不扣除检查(阀门)井、阀门、管件及附件所占的长度	1. 管道铺设 2. 管道固筑 3. 水压试验 4. 刷防护材料、油漆
050103002	喷灌配件安装	1. 管道附件、阀门、喷头品种、规格 2. 管道附件、阀门、喷头固定方式 3. 防护材料种类 4. 油漆品种、刷漆遍数	个	按设计图示数量计算	1. 管道附件、阀门、喷头安装 2. 水压试验 3. 刷防护材料、油漆

注：①挖填土石方应按《房屋建筑与装饰工程工程量计算规范》附录 A 相关项目编码列项。
②阀门井应按《市政工程工程量计算规范》相关项目编码列项。

项目二　园林工程工程量计算及工程量清单编制

××庭院景观绿化工程包括乔木、灌木、绿篱、色带、草坪等的种植及成活养护3个月、保存养护9个月。具体种植方式见该工程绿施图,见图1-4至图1-9(见插页)。根据图纸LS-03完成绿化工程量计算,并填写工程量计算表,编制工程量清单。

认真识读绿化工程设计说明、施工图纸及种植材料表(苗木表),掌握植物的规格及相关设计要求,完成栽植及养护工程量计算。

一、准备工作

本任务基于××庭院景观绿化工程图纸、湖北省园林绿化工程定额工程量计算规则、绿化工程清单工程量计算规则,按成活养护3个月、保存养护9个月来计算工程量。

二、列出分部分项工程项目名称

根据该庭院景观工程绿施部分图纸(LS-03)、绿化工程量计算规则,列出分部分项工程项目名称、单位等。

三、列出工程量计算式并计算结果

根据苗木表给定的数量并结合图纸统计乔木、灌木、地被植物工程数量,将内容填入表2-6～表2-9中。

表2-6　绿地整理清单工程量计算表

序号	项目名称	计量单位	计 算 式	工程量	备　　注
1	整理绿化用地	m²	1.3+4.4+5.8+1.45+2.05+1.9+0.5+0.5+1.1+0.75+1.2+35	55.95	所有以面积为单位计算的苗木工程量相加
2	种植土回填	m³	55.95 m²×0.6 m	33.57	估算工程量,整理绿地面积×0.6 m

表 2-7 乔木清单工程量

序号	项目名称	项目特征	计量单位	工程量计算规则	工程量	工作内容
1	栽植乔木	1.乔木种类:鸡爪槭 2.胸径:8～10 cm 3.树高:2.5～3.0 m 4.冠幅:2.0～2.5 m 5.分枝点:1.0～1.2 m 6.造型形式:树冠丰满自然形态	株	按设计图示数量计算	1	1.起挖 2.运输 3.栽植 4.成活养护 5.保存养护
2	栽植乔木	1.乔木种类:日本红枫 2.胸径:10～12 cm 3.树高:2.5～3.0 m 4.冠幅:2.5～3.0 m 5.分枝点:1.5～1.8 m 6.造型形式:树冠丰满自然形态	株	按设计图示数量计算	1	1.起挖 2.运输 3.栽植 4.成活养护 5.保存养护
3	栽植乔木	1.乔木种类:西府海棠 2.地径:8～10 cm 3.树高:2.0～2.5 m 4.冠幅:1.8～2.2 m 5.分枝点:1.0～1.2 m 6.造型形式:树冠丰满自然形态	株	按设计图示数量计算	1	1.起挖 2.运输 3.栽植 4.成活养护 5.保存养护
4	栽植乔木	1.乔木种类:桂花 2.地径:6～8 cm 3.树高:1.2～1.5 m 4.冠幅:1.2～1.5 m 5.分枝点:0.4～0.6 m 6.造型形式:树冠丰满自然形态	株	按设计图示数量计算	1	1.起挖 2.运输 3.栽植 4.成活养护 5.保存养护
5	栽植乔木	1.乔木种类:花石榴 2.地径:6～8 cm 3.树高:1.2～1.5 m 4.冠幅:1.2～1.5 m 5.分枝点:0.6～0.8 m 6.造型形式:树冠丰满自然形态	株	按设计图示数量计算	1	1.起挖 2.运输 3.栽植 4.成活养护 5.保存养护

续表

序号	项目名称	项目特征	计量单位	工程量计算规则	工程量	工作内容
6	栽植乔木	1.乔木种类:造型罗汉松 2.树高:0.8～1.0 m 3.冠幅:0.8～1.0 m 4.造型形式:盆景造型	株	按设计图示数量计算	1	1.起挖 2.运输 3.栽植 4.成活养护 5.保存养护

表 2-8 灌木清单工程量

序号	项目名称	项目特征	计量单位	工程量计算规则	工程量	工作内容
1	栽植灌木	1.灌木种类:红继木球 2.树高:1.0～1.2 m 3.冠幅:1.0～1.2 m 4.造型形式:修剪成球状	株	按设计图示数量计算	3	1.起挖 2.运输 3.栽植 4.成活养护 5.保存养护
2	栽植灌木	1.灌木种类:圆锥绣球 2.树高:0.5～0.6 m 3.冠幅:0.5～0.6 m 4.造型形式:自然形态	株		4	
3	栽植灌木	1.灌木种类:雀舌黄杨球 2.树高:1.0～1.2 m 3.冠幅:1.0～1.2 m 4.造型形式:修剪成球状	株		1	
4	栽植灌木	1.灌木种类:茶梅球 2.树高:0.6～0.8 m 3.冠幅:0.6～0.8 m 4.造型形式:修剪成球状	株		2	
5	栽植灌木	1.灌木种类:杜鹃 2.树高:0.5～0.6 m 3.冠幅:0.5～0.6 m 4.造型形式:自然形态	株		2	

续表

序号	项目名称	项目特征	计量单位	工程量计算规则	工程量	工作内容
6	栽植灌木	1.灌木种类:红叶石楠球 2.树高:1.0~1.2 m 3.冠幅:0.8~1.0 m 4.造型形式:修剪成球状	株	按设计图示数量计算	1	1.起挖 2.运输 3.栽植 4.成活养护 5.保存养护
7	栽植灌木	1.灌木种类:棣棠 2.树高:0.6~0.8 m 3.冠幅:0.6~0.8 m 4.枝条数:8~10 5.造型形式:自然形态	株		2	
8	栽植灌木	1.灌木种类:南天竹 2.树高:0.8~1.0 m 3.冠幅:0.8~1.0 m 4.枝条数:8~10 5.造型形式:自然形态	株		2	
9	栽植灌木	1.灌木种类:牡丹 2.树高:0.6~0.8 m 3.冠幅:0.6~0.8 m 4.造型形式:自然形态	株		2	
10	栽植灌木	1.灌木种类:凤尾丝兰 2.树高:0.5~0.6 m 3.冠幅:0.5~0.6 m 4.造型形式:自然形态	株		4	

表2-9　绿篱、色带、草皮等清单工程量

序号	项目名称	项目特征	计量单位	工程量计算规则	工程量	工作内容
1	栽植绿篱	1.绿篱种类:金焰绣线菊 2.树高:0.4~0.5 m 3.冠幅:0.2~0.25 m 4.栽植密度:36株/m²	m²	按设计图示尺寸以绿化水平投影面积计算	1.3	1.起挖 2.运输 3.栽植 4.成活养护 5.保存养护

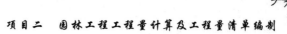

续表

序号	项目名称	项目特征	计量单位	工程量计算规则	工程量	工作内容
2	栽植色带	1.苗木种类:金边麦冬 2.规格:自然形态 3.栽植密度:40株/m²	m²	按设计图示尺寸以绿化水平投影面积计算	4.4	1.起挖 2.运输 3.栽植 4.成活养护 5.保存养护
3	栽植色带	1.苗木种类:美女樱 2.规格:自然形态 3.栽植密度:25株/m²	m²		5.8	
4	栽植色带	1.苗木种类:玉簪(白) 2.规格:自然形态 3.栽植密度:25株/m²	m²		1.45	
5	栽植色带	1.苗木种类:金边玉簪 2.规格:自然形态 3.栽植密度:50株/m²	m²		2.05	
6	栽植色带	1.苗木种类:彩叶草 2.规格:自然形态 3.栽植密度:25株/m²	m²		1.9	
7	栽植色带	1.苗木种类:矾根 2.规格:自然形态 3.栽植密度:25株/m²	m²		0.5	
8	栽植色带	1.苗木种类:千屈菜 2.规格:自然形态 3.栽植密度:25株/m²	m²		0.5	
9	栽植色带	1.苗木种类:白花鼠尾草 2.规格:自然形态 3.栽植密度:64株/m²	m²		1.1	
10	栽植色带	1.苗木种类:羽叶薰衣草 2.规格:自然形态 3.栽植密度:64株/m²	m²		0.75	
11	栽植色带	1.苗木种类:大花飞燕草 2.规格:自然形态 3.栽植密度:16株/m²	m²		1.2	
12	铺种草皮	1.草皮种类:草地早熟禾 2.规格:高6~8 cm 3.铺种方式:满铺	m²		35	

续表

序号	项目名称	项目特征	计量单位	工程量计算规则	工程量	工作内容
13	有机覆盖物	1.种类:植物有机覆盖物 2.厚度:5 cm	m²	按设计图示尺寸以投影面积计算	15.6	1.起挖 2.运输 3.栽植 4.成活养护 5.保存养护

四、绿化工程工程量清单与计价表

综合以上信息可得该绿化工程工程量清单与计价表,见表 2-10。

表 2-10 绿化工程工程量清单与计价表

工程名称:××庭院景观工程

序号	项目编码	项目名称	项目特征描述	计量单位	工程量	金额/元 综合单价	合价	其中暂估价
		绿地整理						
1	050101010001	整理绿化用地	1.取土运距:投标单位自行考虑 2.回填厚度:按图纸要求 3.找平找坡要求:按图纸要求 4.弃渣运距:投标单位自行考虑	m²	55.95			
2	050101009001	种植土回(换)填	1.回填土质要求:种植土 2.取土运距:投标单位自行考虑 3.回填厚度:按图纸要求	m³	33.57			
		分部小计						
		乔木						

续表

序号	项目编码	项目名称	项目特征描述	计量单位	工程量	金额/元		
						综合单价	合价	其中暂估价
3	050102001001	栽植乔木	1. 种类:鸡爪槭 2. 胸径或干径:8～10 cm 3. 株高:2.5～3.0 m 4. 冠幅:2.0～2.5 m 5. 分枝点:1.0～1.2 m 6. 造型形式:树冠丰满自然形态 7. 养护期:成活养护3个月,保存养护9个月	株	1			
4	050102001002	栽植乔木	1. 种类:日本红枫 2. 胸径或干径:10～12 cm 3. 株高:2.5～3.0 m 4. 冠幅:2.5～3.0 m 5. 分枝点:1.5～1.8 m 6. 造型形式:树冠丰满自然形态 7. 养护期:成活养护3个月,保存养护9个月	株	1			
5	050102001003	栽植乔木	1. 种类:西府海棠 2. 地径:8～10 cm 3. 株高:2.0～2.5 m 4. 冠幅:1.8～2.2 m 5. 分枝点:1.0～1.2 m 6. 造型形式:树冠丰满自然形态 7. 养护期:成活养护3个月,保存养护9个月	株	1			

续表

序号	项目编码	项目名称	项目特征描述	计量单位	工程量	综合单价	合价	其中暂估价
6	050102001004	栽植乔木	1. 种类:桂花 2. 地径:6~8 cm 3. 株高:1.2~1.5 m 4. 冠幅:1.2~1.5 m 5. 分枝点:0.4~0.6 m 6. 造型形式:树冠丰满自然形态 7. 养护期:成活养护3个月,保存养护9个月	株	1			
7	050102001005	栽植乔木	1. 种类:花石榴 2. 地径:6~8 cm 3. 株高:1.2~1.5 m 4. 冠幅:1.2~1.5 m 5. 分枝点:0.6~0.8 m 6. 造型形式:树冠丰满自然形态 7. 养护期:成活养护3个月,保存养护9个月	株	1			
8	050102001006	栽植乔木	1. 种类:造型罗汉松 2. 株高:0.8~1.0 m 3. 冠幅:0.8~1.0 m 4. 造型形式:盆景造型 5. 养护期:成活养护3个月,保存养护9个月	株	1			
		分部小计						
		灌木						
9	050102002001	栽植灌木	1. 种类:红继木球 2. 株高:1.0~1.2 m 3. 冠幅:1.0~1.2 m 4. 造型形式:修剪成球状 5. 养护期:成活养护3个月,保存养护9个月	株	3			

续表

序号	项目编码	项目名称	项目特征描述	计量单位	工程量	金额/元		
						综合单价	合价	其中暂估价
10	050102002002	栽植灌木	1.种类:圆锥绣球 2.株高:0.5~0.6 m 3.冠幅:0.5~0.6 m 4.造型形式:自然形态 5.养护期:成活养护3个月,保存养护9个月	株	4			
11	050102002003	栽植灌木	1.种类:雀舌黄杨球 2.株高:1.0~1.2 m 3.冠幅:1.0~1.2 m 4.造型形式:修剪成球状 5.养护期:成活养护3个月,保存养护9个月	株	1			
12	050102002004	栽植灌木	1.种类:茶梅球 2.株高:0.6~0.8 m 3.冠幅:0.6~0.8 m 4.造型形式:修剪成球状 5.养护期:成活养护3个月,保存养护9个月	株	2			
13	050102002005	栽植灌木	1.种类:杜鹃 2.株高:0.5~0.6 m 3.冠幅:0.5~0.6 m 4.造型形式:自然形态 5.养护期:成活养护3个月,保存养护9个月	株	2			
14	050102002006	栽植灌木	1.种类:红叶石楠球 2.株高:1.0~1.2 m 3.冠幅:0.8~1.0 m 4.造型形式:修剪成球状 5.养护期:成活养护3个月,保存养护9个月	株	1			

续表

序号	项目编码	项目名称	项目特征描述	计量单位	工程量	综合单价	合价	其中暂估价
15	050102002007	栽植灌木	1. 种类:棣棠 2. 株高:0.6~0.8 m 3. 冠幅:0.6~0.8 m 4. 枝条数:8~10 5. 造型形式:自然形态 6. 养护期:成活养护3个月,保存养护9个月	株	2			
16	050102002008	栽植灌木	1. 种类:南天竹 2. 株高:0.8~1.0 m 3. 冠幅:0.8~1.0 m 4. 枝条数:8~10 5. 造型形式:自然形态 6. 养护期:成活养护3个月,保存养护9个月	株	2			
17	050102002009	栽植灌木	1. 种类:牡丹 2. 株高:0.6~0.8 m 3. 冠幅:0.6~0.8 m 4. 造型形式:自然形态 5. 养护期:成活养护3个月,保存养护9个月	株	2			
18	050102002010	栽植灌木	1. 种类:凤尾丝兰 2. 株高:0.5~0.6 m 3. 冠幅:0.5~0.6 m 4. 造型形式:自然形态 5. 养护期:成活养护3个月,保存养护9个月	株	4			
		分部小计						
		绿篱、色带、草皮						

续表

序号	项目编码	项目名称	项目特征描述	计量单位	工程量	金额/元		
						综合单价	合价	其中暂估价
19	050102005001	栽植绿篱	1.苗木、花卉种类:金焰绣线菊 2.株高:0.4~0.5 m 3.冠幅:0.2~0.25 m 4.单位面积株数:36 5.养护期:成活养护3个月,保存养护9个月	m²	1.3			
20	050102007001	栽植色带	1.苗木、花卉种类:金边麦冬 2.规格:自然形态 3.单位面积株数:40 4.养护期:成活养护3个月,保存养护9个月	m²	4.4			
21	050102007002	栽植色带	1.苗木、花卉种类:美女樱 2.规格:自然形态 3.单位面积株数:25 4.养护期:成活养护3个月,保存养护9个月	m²	5.8			
22	050102007003	栽植色带	1.苗木、花卉种类:玉簪(白) 2.规格:自然形态 3.单位面积株数:25 4.养护期:成活养护3个月,保存养护9个月	m²	1.45			
23	050102007004	栽植色带	1.苗木、花卉种类:金边玉簪 2.规格:自然形态 3.单位面积株数:50 4.养护期:成活养护3个月,保存养护9个月	m²	2.05			

续表

序号	项目编码	项目名称	项目特征描述	计量单位	工程量	金额/元		
						综合单价	合价	其中暂估价
24	050102007005	栽植色带	1.苗木、花卉种类:彩叶草 2.规格:自然形态 3.单位面积株数:25 4.养护期:成活养护3个月,保存养护9个月	m²	1.9			
25	050102007006	栽植色带	1.苗木、花卉种类:矾根 2.规格:自然形态 3.单位面积株数:25 4.养护期:成活养护3个月,保存养护9个月	m²	0.5			
26	050102007007	栽植色带	1.苗木、花卉种类:千屈菜 2.规格:自然形态 3.单位面积株数:25 4.养护期:成活养护3个月,保存养护9个月	m²	0.5			
27	050102007008	栽植色带	1.苗木、花卉种类:白花鼠尾草 2.规格:自然形态 3.单位面积株数:64 4.养护期:成活养护3个月,保存养护9个月	m²	1.1			
28	050102007009	栽植色带	1.苗木、花卉种类:羽叶薰衣草 2.规格:自然形态 3.单位面积株数:64 4.养护期:成活养护3个月,保存养护9个月	m²	0.75			
29	050102007010	栽植色带	1.苗木、花卉种类:大花飞燕草 2.规格:自然形态 3.单位面积株数:16 4.养护期:成活养护3个月,保存养护9个月	m²	1.2			

续表

序号	项目编码	项目名称	项目特征描述	计量单位	工程量	金额/元		
						综合单价	合价	其中暂估价
30	050102012001	铺种草皮	1.草皮种类:草地早熟禾 2.规格:高 6～8 cm 3.铺种方式:满铺 4.养护期:成活养护 3 个月,保存养护 9 个月	m²	35			

注:为计取规费等,可在表中增设"其中:定额人工费"项。

任务考核

任务考核表见表 2-11。

表 2-11 任务考核表 4

序号	考核内容	考核标准	配分	考核记录	得分
1	绿地整理工程量	工程量计算准确,项目特征描述准确	25		
2	乔木工程量	正确理解施工内容和施工工艺	25		
3	灌木工程量	正确理解施工内容和施工工艺	25		
4	绿篱、色带、草皮工程量	换算正确,符合要求	25		
		合计	100		

复习提高

由专任教师提供包含园林绿化、园路、园桥、景观等内容的工程施工图,要求学生完成绿化工程中乔木、灌木、地被植物等的定额工程量和清单工程量的计算。

任务2　园路园桥工程工程量计算及工程量清单编制

能力目标

1.能计算园路工程工程量;
2.能编制园路工程工程量清单。

知识目标

1.了解园路工程工程量计算相关规则及说明;

2.掌握园路工程工程量清单编制方法和步骤。

一、相关术语

(1)园路:园林绿地构图中的重要组成部分,是联系各景区、景点以及活动中心的纽带,具有引导游览、分散人流的功能,同时也可供游人散步和休息之用。

(2)甬道:园林中对着主要建筑物的、多用砖石砌成的路。

(3)磴道:在天然岩坡或石壁上,凿出的踏脚用的踏步或穴,或用条石、石块、预制混凝土条板、树桩以及其他形式,铺筑成的上山的路。

(4)坡道:整体呈坡形趋势的道路。

(5)路牙(或路沿):铺装在道路的边缘,起保护路的作用,有用石材凿打成正方形或长条形的,也有按设计用混凝土预制的,也可直接使用砖。

(6)剁假石:一种人造石料。制作过程是:用石屑、石粉、水泥等加水拌和,抹在建筑物的表面,半凝固后,用斧子剁出像经过细凿的石头那样的纹理。

(7)驳岸:园林水景岸坡的处理。一般有假山石驳岸、石砌驳岸、阶梯状台地驳岸和挑檐式驳岸。假山石驳岸是园林中最常用的水岸处理方式,是用山石,不经人工整形,顺其自然石形砌筑成崎岖、曲折、凹凸变化的形式。石砌驳岸是先将水岸整成斜坡,用不规则的岩石砌成虎皮状的护坡,用以加固水岸。园林园桥工程定额中的驳岸为假山石驳岸。

二、园路园桥工程定额工程量计算规则及使用说明

(一)计算规则

1.园路

(1)园路垫层按设计图示尺寸以体积计算。

(2)园路面层按设计图示尺寸以面积计算。

(3)贴陶瓷片按实铺面积计算,瓷片拼花或拼字时,按花或字的外接矩形或圆形面积以平方米计算,其工程量乘以系数0.80。

(4)用卵石拼花、拼字,均按花或字的外接矩形或圆形面积计算。

(5)木平台按设计图示尺寸以面积计算。

(6)坡道园路带踏步的,其踏步部分应予以扣除并另按台阶相应定额子目计算。

(7)混凝土或砖石台阶按图示尺寸以体积计算。

(8)台阶和坡道的踏步面层按图示尺寸以水平投影面积计算。

(9)踏(磴)道、路牙按设计图示尺寸以长度计算。

(10)树池盖板按设计图示尺寸以面积计算。

(11)嵌草砖(格)铺装按设计图示尺寸以面积计算。

2.园桥

(1)桥基础、桥台、桥墩、拱券和金刚墙砌筑,均按设计图示尺寸以体积计算。

(2)石桥面铺筑按设计图示尺寸以面积计算。

(3)仰天石、踏步石安装,均按设计图示尺寸以长度计算。
(4)木桥面、平台按设计图示尺寸以面积计算。
(5)木制栏杆以地面上皮至扶手上皮间高度乘以长度(不扣除木桩)以面积计算。
(6)木台阶按设计图示以水平投影面积计算。
(7)木桥木柱、木梁按设计图示截面尺寸乘以长度以体积计算。
(8)木桥木龙骨按设计图示桥面尺寸以面积计算。
(9)涉水汀步石按设计图示尺寸以体积计算。

3. 驳岸、护岸

(1)自然式、黄(卵)石驳(护)岸,均按设计图示尺寸以质量计算。
(2)原木桩驳岸按设计图示尺寸以体积计算。
(3)铺卵石护岸按设计图示尺寸以面积计算。

(二)定额使用说明

1. 园路

(1)园路垫层宽度按设计尺寸计算。如设计无规定,带路牙的,按路面宽度加 20 cm 计算;无路牙的,按路面宽度加 10 cm 计算。
(2)园路块料面层定额项目已包括结合层,设计结合层厚度与定额厚度不同时,可以调整。
(3)路牙或路缘的铺设与路面材料相同时,将路牙或路缘计算在路面工程量内,不另套用路牙定额;与路面材料不同时,应套用相应定额另行计算。
(4)卵石铺地满铺拼花是指在满铺卵石地面中用卵石拼花。在满铺卵石地面中用砖拼花时,拼花部分按相应定额执行,且拼花部分人工乘以系数 1.5。
(5)满铺卵石地面,如需分色拼花,定额人工乘以系数 1.2。
(6)园路园桥工程定额用于山丘坡道时,执行园路、路牙相应定额项目,人工乘以以下系数,其他不变。
①当山丘坡道坡度大于 15°、小于 30°时,人工乘以系数 1.20;
②当山丘坡道坡度大于 30°时,人工乘以系数 1.40。

2. 园桥

(1)园桥是指建造在庭园内的、主桥孔洞跨度为 5 m 以内、供游人通行兼有观赏价值的桥梁。不适用庭园外建造的桥梁。
(2)园桥工程中,使用钢筋混凝土、金属构件安装时,按《湖北省市政工程消耗量定额及全费用基价表》相应项目执行。

3. 驳岸、护岸

自然式驳(护)岸是指堆砌在湖边、溪边、人工水景(池)等岸边,形成一种仿自然形态的水溪岸景观效果的砌筑形式。

(三)定额补充说明

(1)适用范围:
①园路园桥工程定额适用于公园、小游园、庭园的园路、园桥工程。

②园路园桥工程定额中的园路是指庭园内的行人甬路、磴道和带有部分踏步的坡道。对厂、院及住宅小区内的道路则不适用。

③凡在庭园外建造的桥梁,均不适用园桥工程定额。

(2)园路面层分类:

①整体面层:水泥混凝土路面、水刷石路面。

②片材贴面铺装:花岗岩(大理石)、陶瓷广场砖。

③板材砌块铺装:预制混凝土方砖、预制砌块、预制混凝土板、石板(石块)。

④嵌草砌块铺装。

⑤砖石镶嵌铺装:按砖、石子等镶嵌方法铺装。

⑥其他铺装:室外木平台铺装等。

三、园路园桥清单工程量计算规则

园路、园桥工程工程量清单项目设置、项目特征描述的内容、计量单位、工程量计算规则应按表 2-12 的规定执行。

表 2-12 园路、园桥工程(编码:050201)

项目编码	项目名称	项目特征	计量单位	工程量计算规则	工作内容
050201001	园路	1. 路床土石类别 2. 垫层厚度、宽度、材料种类 3. 路面厚度、宽度、材料种类 4. 砂浆强度等级	m^2	按设计图示尺寸以面积计算,不包括路牙	1. 路基、路床整理 2. 垫层铺筑 3. 路面铺筑 4. 路面养护
050201002	踏(磴)道			按设计图示尺寸以水平投影面积计算,不包括路牙	
050201003	路牙铺设	1. 垫层厚度、材料种类 2. 路牙材料种类、规格 3. 砂浆强度等级	m	按设计图示尺寸以长度计算	1. 基层清理 2. 垫层铺设 3. 路牙铺设
050201004	树池围牙、盖板(箅子)	1. 围牙材料种类、规格 2. 铺设方式 3. 盖板材料种类、规格	m 或套	1. 以 m 计量,按设计图示尺寸以长度计算 2. 以套计量,按设计图示数量计算	1. 清理基层 2. 围牙、盖板运输 3. 围牙、盖板铺设
050201005	嵌草砖(格)铺装	1. 垫层厚度 2. 铺设方式 3. 嵌草砖(格)品种、规格、颜色 4. 漏空部分填土要求	m^2	按设计图示尺寸以面积计算	1. 原土夯实 2. 垫层铺设 3. 铺砖 4. 填土

续表

项目编码	项目名称	项目特征	计量单位	工程量计算规则	工作内容
050201006	桥基础	1. 基础类型 2. 垫层及基础材料种类、规格 3. 砂浆强度等级	m³	按设计图示尺寸以体积计算	1. 垫层铺筑 2. 起重架搭、拆 3. 基础砌筑 4. 砌石
050201007	石桥墩、石桥台	1. 石料种类、规格 2. 勾缝要求 3. 砂浆强度等级、配合比	m³	按设计图示尺寸以体积计算	1. 石料加工 2. 起重架搭、拆 3. 墩、台、券石、券脸砌筑 4. 勾缝
050201008	拱券石	1. 石料种类、规格 2. 券脸雕刻要求 3. 勾缝要求 4. 砂浆强度等级、配合比			
050201009	石券脸		m²	按设计图示尺寸以面积计算	
050201010	金刚墙砌筑		m³	按设计图示尺寸以体积计算	1. 石料加工 2. 起重架搭、拆 3. 砌石 4. 填土夯实
050201011	石桥面铺筑	1. 石料种类、规格 2. 找平层厚度、材料种类 3. 勾缝要求 4. 混凝土强度等级 5. 砂浆强度等级	m²	按设计图示尺寸以面积计算	1. 石材加工 2. 抹找平层 3. 起重架搭、拆 4. 桥面、桥面踏步铺设 5. 勾缝
050201012	石桥面檐板	1. 石料种类、规格 2. 勾缝要求 3. 砂浆强度等级、配合比			1. 石材加工 2. 檐板铺设 3. 铁锔、银锭安装 4. 勾缝
050201013	石汀步（步石、飞石）	1. 石料种类、规格 2. 砂浆强度等级、配合比	m³	按设计图示尺寸以体积计算	1. 基层整理 2. 石材加工 3. 砂浆调运 4. 砌石

续表

项目编码	项目名称	项目特征	计量单位	工程量计算规则	工作内容
050201014	木制步桥	1. 桥宽度 2. 桥长度 3. 木材种类 4. 各部位截面长度 5. 防护材料种类	m^2	按设计图示尺寸以桥面板长乘桥面板宽以面积计算	1. 木桩加工 2. 打木桩基础 3. 木梁、木桥板、木桥栏杆、木扶手制作、安装 4. 连接铁件、螺栓安装 5. 刷防护材料
050201015	栈道	1. 栈道宽度 2. 支架材料种类 3. 面层材料种类 4. 防护材料种类		按栈道面板设计图示尺寸以面积计算	1. 凿洞 2. 安装支架 3. 铺设面板 4. 刷防护材料

注：①园路、园桥工程的挖土方、开凿石方、回填等应按市政工程计量规范相关项目编码列项。

②如遇某些构配件使用钢筋混凝土或金属构件，应按房屋建筑与装饰工程计量规范或市政工程计量规范相关项目编码列项。

③地伏石、石望柱、石栏杆、石栏板、扶手、撑鼓等应按仿古建筑工程计量规范相关项目编码列项。

④亲水(小)码头各分部分项项目按照园桥相应项目编码列项。

⑤台阶项目按房屋建筑与装饰工程计量规范相关项目编码列项。

⑥混合类构件园桥按房屋建筑与装饰工程计量规范或通用安装工程计量规范相关项目编码列项。

驳岸、护岸工程量清单项目设置、项目特征描述的内容、计量单位、工程量计算规则应按表 2-13 的规定执行。

表 2-13　驳岸、护岸(编码：050202)

项目编码	项目名称	项目特征	计量单位	工程量计算规则	工作内容
050202001	石(卵石)砌驳岸	1. 石料种类、规格 2. 驳岸截面、长度 3. 勾缝要求 4. 砂浆强度等级、配合比	m^3 或 t	1. 以 m^3 计量，按设计图示尺寸以体积计算 2. 以 t 计量，按质量计算	1. 石料加工 2. 砌石(卵石) 3. 勾缝
050202002	原木桩驳岸	1. 木材种类 2. 桩直径 3. 桩单根长度 4. 防护材料种类	m 或 根	1. 以 m 计量，按设计图示桩长(包括桩尖)计算 2. 以根计量，按设计图示数量计算	1. 木桩加工 2. 打木桩 3. 刷防护材料

续表

项目编码	项目名称	项目特征	计量单位	工程量计算规则	工作内容
050202003	满(散)铺砂卵石护岸(自然护岸)	1. 护岸平均宽度 2. 粗细砂比例 3. 卵石粒径	m^2 或 t	1. 以 m^2 计量,按设计图示平均护岸宽度乘以护岸长度以面积计算 2. 以 t 计量,按卵石使用质量计算	1. 修边坡 2. 铺卵石
050202004	点(散)布大卵石	1. 大卵石粒径 2. 数量	块(个)或 t	1. 以块(个)计量,按设计图示数量计算 2. 以 t 计量,按卵石使用质量计算	1. 布石 2. 安砌 3. 成型
050202005	框格花木护坡	1. 展开宽度 2. 护坡材质 3. 框格种类与规格	m^2	按设计图示尺寸展开宽度乘以长度以面积计算	1. 修边坡 2. 安放框格

注:①驳岸工程的挖土方、开凿石方、回填等应按《房屋建筑与装饰工程工程量计算规范》附录 A 相关项目编码列项。

②木桩钎(梅花桩)按原木桩驳岸项目单独编码列项。

③钢筋混凝土仿木桩驳岸,其钢筋混凝土及表面装饰按《房屋建筑与装饰工程工程量计算规范》相关项目编码列项,若表面"塑松皮"按《园林绿化工程工程量计算规范》附录 C"园林景观工程"相关项目编码列项。

④框格花木护岸的铺草皮、撒草籽等应按《园林绿化工程工程量计算规范》附录 A"绿化工程"相关项目编码列项。

请根据××庭院景观工程施工图纸(见图 1-10 至图 1-14)及工程量计算规则,完成园路工程工程量计算,并填写工程量计算表。

园路工程根据不同的园路面层分别列项,根据园路施工工艺分别计算垫层工程量。

一、准备工作

本任务以××庭院景观工程施工图纸、湖北省园林绿化工程定额工程量计算规则、园路工程清单工程量计算规则为计算工程量依据。

二、列出分部分项工程项目名称

根据××庭院景观工程硬施部分图纸 YS-02、YS-03 及工程量计算规则,列出分部分项工程项目名称、单位等。

三、列出工程量计算式并计算结果

基于以上步骤,列出工程量计算式并计算结果,见表 2-14～表 2-24(注:本书中选取部分铺装工程进行计算,其余作为课后练习)。

以下"项目名称""项目特征"中未注明单位的数值均以 mm 计。

表 2-14 室外陶瓷防滑砖相关工程量计算表

序号	项目名称	单位	计算公式	工程量	备注
1	挖路槽	m³	(3.1+0.1×2+0.3×2+0.15×2)m× (1.6+0.1×2+0.3×2+0.15×2)m× (0.2+0.1+0.03+0.03+0.005)m	4.14	挖土深度为面层、结合层、垫层厚度相加
2	素土夯实	m²	(3.1+0.1×2+0.3×2+0.15×2)m× (1.6+0.1×2+0.3×2+0.15×2)m	11.34	
3	200 厚天然级配砂砾	m³	11.34 m²×0.2 m	2.27	
4	100 厚 C20 混凝土	m³	11.34 m²×0.1 m	1.13	
5	100 厚 C20 混凝土模板	m²	[(3.1+0.1×2+0.3×2+0.15×2)+ (1.6+0.1×2+0.3×2+0.15×2)]m ×2×0.1 m	1.38	
6	室外陶瓷防滑砖	m²	3.1 m×1.6 m	4.96	
7	蒙古黑火烧面花岗岩 600×100×30	m²	(3.1+0.1+1.6+0.1)m ×2×0.1 m	0.98	
8	黄金麻荔枝面花岗岩 300×300×30	m²	(3.1+0.1×2+0.3+1.6+0.1×2+0.3)m ×2×0.3 m	3.42	
9	蒙古黑火烧面花岗岩 300×150×30 收边	m²	(3.1+0.1×2+0.3×2+0.15+ 1.6+0.1×2+0.3×2+0.15)m ×2×0.15 m	1.98	

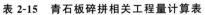

表 2-15 青石板碎拼相关工程量计算表

序号	项目名称	单位	计 算 公 式	工程量	备 注
1	挖路槽	m³	23.49 m²×(0.2+0.1+0.03+0.03+0.005)m	8.57	用CAD软件测园路长度并算得面积,挖土深度为面层、结合层、垫层等厚度相加
2	素土夯实	m²	23.49	23.49	
3	200厚天然级配砂砾	m³	23.49 m²×0.2 m	4.70	
4	100厚C20混凝土	m³	23.49 m²×0.1 m	2.35	
5	100厚C20混凝土模板	m²	(7.265+2+5.97+1.5)m×2×0.1 m	3.35	CAD测长度
6	青石板碎拼	m²	7.265 m×2 m+5.97 m×1.5 m	23.49	

表 2-16 方形花岗岩汀步相关工程量计算表

序号	项目名称	单位	计 算 公 式	工程量	备 注
1	挖路槽	m³	6.84 m²×(0.1+0.1+0.05+0.03+0.005)m	1.95	挖土深度为面层、结合层、垫层厚度相加
2	素土夯实	m²	6.84	6.84	
3	100厚中砂层	m³	6.84 m²×0.1 m	0.68	
4	100厚C20混凝土	m³	6.84 m²×0.1 m	0.68	
5	100厚C20混凝土模板	m²	[0.6×4×13+(0.6+0.3)×2×7+0.3×4×6+(0.6+0.404)×2+(0.3+0.404)×2]m×0.1 m	5.44	
6	芝麻白荔枝面花岗岩(600×600×50,600×300×50,300×300×50等)	m²	0.6 m×0.6 m×13+0.6 m×0.3 m×7+0.3 m×0.3 m×6+0.6 m×0.404 m+0.3 m×0.404 m	6.84	

表 2-17 圆形花岗岩汀步工程量计算表

序号	项目名称	单位	计 算 公 式	工程量	备注
1	挖路槽	m³	合并到白色砾石($D=5\sim8$ mm)工程量中计算		
2	素土夯实	m²	合并到白色砾石($D=5\sim8$ mm)工程量中计算		
3	100 厚中砂层	m³	5.98 m²×0.1 m	0.60	
4	100 厚 C20 混凝土	m³	合并到白色砾石($D=5\sim8$ mm)工程量中计算		
5	100 厚 C20 混凝土模板	m²	合并到白色砾石($D=5\sim8$ mm)工程量中计算		
6	芝麻白荔枝面花岗岩(厚50,圆形)	m²	3.14×0.4 m×0.4 m×2+3.14×0.33 m× 0.33 m×5+3.14×0.55 m×0.55 m× 2+3.14×0.66 m×0.66 m	5.98	

表 2-18 白色砾石($D=5\sim8$ mm)工程量计算表

序号	项目名称	单位	计 算 公 式	工程量	备 注
1	挖路槽	m³	34.51 m²×(0.2+0.1+0.008)m	10.63	
2	素土夯实	m²	0.41 m²+3.88 m²+19.25 m²+10.97 m²	34.51	CAD测量,从左到右,从上到下,共4处
3	200 厚天然级配砂砾	m³	34.51 m²×0.2 m	6.90	
4	100 厚 C20 混凝土	m³	34.51 m²×0.1 m	3.45	
5	100 厚 C20 混凝土模板	m²	(3.57+9.47+20.68+19.77)m×0.1 m	5.35	CAD测量
6	白色砾石($D=$ 5~8,立铺)	m²	0.41 m²+3.88 m²+19.25 m²−2 m× 0.36 m×6+10.97 m²−(3.14×0.4× 0.4×2+3.14×0.33×0.33×4+3.14× 0.55×0.55)m²	26.87	

表 2-19 白色砾石($D=10\sim15$ mm)工程量计算表

序号	项目名称	单位	计 算 公 式	工程量	备 注
1	挖路槽	m³	(1.28+12.24)m²×(0.2+0.1+0.015)m	4.26	
2	素土夯实	m²	1.28 m²+12.24 m²	13.52	CAD测量,共2处

续表

序号	项目名称	单位	计算公式	工程量	备注
3	200厚天然级配砂砾	m³	13.52 m²×0.2 m	2.70	
4	100厚C20混凝土	m³	13.52 m²×0.1 m	1.35	
5	100厚C20混凝土模板	m²	(9.13+15.81)m×0.1 m	2.49	CAD测量
6	白色砾石($D=10\sim15$,立铺)	m²	1.28 m²+12.24 m²−3.14×0.66 m×0.66 m−3.14×0.33 m×0.33 m	11.81	

表2-20 自然条石(2 000 mm×360 mm)工程量计算表

序号	项目名称	单位	计算公式	工程量	备注
1	挖路槽	m³	合并到砾石工程量中计算		
2	素土夯实	m²	合并到砾石工程量中计算		
3	100厚中砂层	m³	2 m×0.36 m×6×0.1 m	0.43	
4	100厚C20混凝土	m³	合并到砾石工程量中计算		
5	100厚C20混凝土模板	m²	合并到砾石工程量中计算		
6	自然条石(2 000×360)	m²	2 m×0.36 m×6	4.32	

表2-21 自然条石(1 000 mm×400 mm)工程量计算表

序号	项目名称	单位	计算公式	工程量	备注
1	挖路槽	m³	1 m×0.4 m×4×0.2 m	0.32	
2	素土夯实	m²	1 m×0.4 m×4	1.6	
3	100厚中砂层	m³	1 m×0.4 m×4×0.1 m	0.16	
4	100厚C20混凝土	m³	1 m×0.4 m×4×0.1 m	0.16	
5	100厚C20混凝土模板	m²	(1+0.4)m×2×0.1 m	0.28	
6	自然条石(1 000×400)	m²	1 m×0.4 m×4	1.6	

表 2-22　花岗岩铺装工程量计算表

序号	项目名称	单位	计算公式	工程量	备注
1	挖路槽	m³	19.38 m²×(0.2+0.1+0.03+0.03+0.005)m	7.07	
2	素土夯实	m²	5.7 m×3.4 m	19.38	
3	200 厚天然级配砂砾	m³	5.7 m×3.4 m×0.2 m	3.88	
4	100 厚 C20 混凝土	m³	5.7 m×3.4 m×0.1 m	1.94	
5	100 厚 C20 混凝土模板	m²	(5.7+3.4)m×2×0.1 m	1.82	
6	芝麻灰火烧面 (600×600×30)铺装	m²	4.6 m×2.3 m	10.58	
7	黄金麻荔枝面 (200×200×30)铺装	m²	(4.6+0.2×2)m×(2.3+0.2×2)m−4.6 m×2.3 m	2.92	
8	蒙古黑火烧面 (300×300×30)铺装	m²	(4.6+0.2×2+0.05+2.3+0.2×2+0.05)m×2×0.05 m	0.78	
9	黄金麻荔枝面 (300×300×30)收边	m²	(2.3+0.2×2+0.05×2+0.3+0.4)m×0.3 m×2+(4.6+0.2×2+0.05×2)m×0.3 m	3.63	

表 2-23　路牙石(芝麻白机切面花岗岩平边石)工程量计算表

序号	项目名称	单位	计算公式	工程量	备注
1	挖路槽	m³	7.227 m×2×0.1 m×(0.2+0.15+0.02+0.1)m	0.68	
2	素土夯实	m²	7.227 m×2×0.1 m	1.45	
3	200 厚 3∶7 灰土	m³	7.227 m×2×0.1 m×0.2 m	0.29	
4	150 厚 C20 混凝土	m³	7.227 m×2×0.1 m×0.1 m	0.14	
5	150 厚 C20 混凝土模板	m²	(7.227 m×2+0.1 m)×2×0.15 m	4.37	
6	芝麻白机切面花岗岩平边石 (W100×H100×L1 000)	m	7.227 m×2	14.45	CAD 测量

表 2-24 路牙石(芝麻白荔枝面花岗岩)工程量计算表

序号	项目名称	单位	计算公式	工程量	备注
1	挖路槽	m³	6.45 m×0.05 m×(0.2+0.15+0.02+0.05)m	0.14	
2	素土夯实	m²	6.45 m×0.05 m	0.32	
3	200厚3∶7灰土	m³	6.45 m×0.05 m×0.2 m	0.06	
4	150厚C20混凝土	m³	6.45 m×0.05 m×0.15 m	0.05	
5	150厚C20混凝土模板	m²	(6.45+0.05)m×2×0.15 m	1.95	
6	芝麻白荔枝面花岗岩(50×600×50)	m	6.45	6.45	CAD测量

四、园路工程清单工程量计算

园路工程清单工程量计算结果见表 2-25。

表 2-25 园路工程清单工程量计算表

序号	项目名称	项目特征	计量单位	工程量计算规则	计 算 式	工程量	工作内容
1	陶瓷防滑砖铺装	1.路床土石类别:三类土 2.垫层厚度、宽度、材料种类:100厚C20混凝土、200厚天然级配砂砾 3.路面厚度、宽度、材料种类:室外陶瓷防滑砖,蒙古黑火烧面花岗岩600×100×30,黄金麻荔枝面花岗岩300×300×30,蒙古黑火烧面花岗岩300×150×30收边 4.找平层:30厚1∶3干硬性水泥砂浆 5.结合层:5厚1∶1水泥砂浆	m²	按设计图示尺寸以面积计算	(3.1+0.1×2+0.3×2+0.15×2)m×(1.6+0.1×2+0.3×2+0.15×2)m	11.34	1.路基、路床整理 2.垫层铺筑 3.路面铺筑 4.路面养护
2	青石板碎拼	1.路床土石类别:三类土 2.垫层厚度、宽度、材料种类:100厚C20混凝土、200厚天然级配砂砾 3.路面厚度、宽度、材料种类:青石板碎拼,水泥勾缝 4.找平层:30厚1∶3干硬性水泥砂浆 5.结合层:5厚1∶1水泥砂浆	m²		7.265 m×2 m+5.97 m×1.5 m	23.49	

续表

序号	项目名称	项目特征	计量单位	工程量计算规则	计 算 式	工程量	工作内容
3	花岗岩汀步	1. 路床土石类别:三类土 2. 垫层厚度、宽度、材料种类:100 厚 C20 混凝土、100 厚中砂层 3. 路面厚度、宽度、材料种类:600×600×50、600×300×50、300×300×50 等的芝麻白荔枝面花岗岩 4. 找平层:30 厚 1∶3 干硬性水泥砂浆 5. 结合层:5 厚 1∶1 水泥砂浆	m²	按设计图示尺寸以面积计算	0.6 m×0.6 m×13+0.6 m×0.3 m×7+0.3 m×0.3 m×6+0.6 m×0.404 m+0.3 m×0.404 m	6.84	1. 路基、路床整理 2. 垫层铺筑 3. 路面铺筑 4. 路面养护
4	花岗岩汀步	1. 路床土石类别:三类土 2. 垫层厚度、宽度、材料种类:100 厚 C20 混凝土、100 厚中砂层 3. 路面厚度、宽度、材料种类:R400,R330,R550,R660 圆形 50 厚芝麻白荔枝面花岗岩 4. 找平层:30 厚 1∶3 干硬性水泥砂浆 5. 结合层:5 厚 1∶1 水泥砂浆	m²		3.14×0.4 m×0.4 m×2+3.14×0.33 m×0.33 m×5+3.14×0.55 m×0.55 m×2+3.14×0.66 m×0.66 m	5.98	
5	卵石路面	1. 路床土石类别:三类土 2. 垫层厚度、宽度、材料种类:100 厚 C20 混凝土、200 厚天然级配砂砾 3. 路面厚度、宽度、材料种类:白色砾石 $D=5\sim 8$,立铺 4. 砂浆厚度、配合比:1∶2 水泥	m²		0.41 m²+3.88 m²+19.25 m²−2 m×0.36 m×6+10.97 m²−(3.14×0.4×0.4×2+3.14×0.33×0.33×4+3.14×0.55×0.55) m²	26.87	

续表

序号	项目名称	项 目 特 征	计量单位	工程量计算规则	计 算 式	工程量	工作内容
6	卵石路面	1.路床土石类别：三类土 2.垫层厚度、宽度、材料种类：100 厚 C20 混凝土、200 厚天然级配砂砾 3.路面厚度、宽度、材料种类：白色砾石 $D=10\sim15$,立铺 4.砂浆厚度、配合比：1∶2 水泥	m²		1.28 m² + 12.24 m² − 3.14×0.66 m×0.66 m − 3.14×0.33 m×0.33 m	11.81	
7	自然条石	1.路床土石类别：三类土 2.垫层厚度、宽度、材料种类：100 厚 C20 混凝土、100 厚中砂层 3.路面厚度、宽度、材料种类：自然条石 2 000×360 4.找平层：30 厚 1∶3 干硬性水泥砂浆 5.结合层：5 厚 1∶1 水泥砂浆	m²	按设计图示尺寸以面积计算	2 m×0.36 m×6	4.32	1.路基、路床整理 2.垫层铺筑 3.路面铺筑 4.路面养护
8	自然条石	1.路床土石类别：三类土 2.垫层厚度、宽度、材料种类：100 厚 C20 混凝土、100 厚中砂层 3.路面厚度、宽度、材料种类：自然条石 1 000×400 4.找平层：30 厚 1∶3 干硬性水泥砂浆 5.结合层：5 厚 1∶1 水泥砂浆	m²		1 m×0.4 m×4	1.6	

续表

序号	项目名称	项目特征	计量单位	工程量计算规则	计 算 式	工程量	工作内容
9	花岗岩铺装	1.路床土石类别：三类土 2.垫层厚度、宽度、材料种类：100厚C20混凝土、200厚天然级配砂砾 3.路面厚度、宽度、材料种类：芝麻灰火烧面600×600×30，黄金麻荔枝面200×200×30，蒙古黑火烧面300×300×30，黄金麻荔枝面300×300×30收边 4.找平层：30厚1∶3干硬性水泥砂浆 5.结合层：5厚1∶1水泥砂浆	m²	按设计图示尺寸以面积计算	5.7 m×3.4 m	19.38	1.路基、路床整理 2.垫层铺筑 3.路面铺筑 4.路面养护
10	路牙铺设	1.垫层厚度、材料种类：150厚C20混凝土、200厚3∶7灰土 2.路牙材料种类、规格：芝麻白机切面花岗岩平边石(W100×H100×L1 000) 3.结合层：20厚1∶2水泥砂浆	m	按设计图示尺寸以长度计算	7.227 m×2，(CAD测一边长度为7.227 m)	14.45	
11	路牙铺设	1.垫层厚度、材料种类：150厚C20混凝土、200厚3∶7灰土 2.路牙材料种类、规格：芝麻白荔枝面花岗岩50×600×50 3.结合层：20厚1∶2水泥砂浆	m		(CAD测量)	6.45	

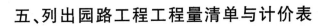

五、列出园路工程工程量清单与计价表

综合以上信息可得该园路工程工程量清单与计价表,见表 2-26。"项目特征描述"中未注明单位的数值以 mm 计。

表 2-26 园路工程工程量清单与计价表

工程名称:××庭院景观工程

序号	项目编码	项目名称	项目特征描述	计量单位	工程量	金额/元		
						综合单价	合价	其中暂估价
1	050201001001	陶瓷防滑砖铺装	1.路床土石类别:三类土 2.垫层厚度、宽度、材料种类:100 厚 C20 混凝土、200 厚天然级配砂砾 3.路面厚度、宽度、材料种类:室外陶瓷防滑砖,蒙古黑火烧面花岗岩 600×100×30,黄金麻荔枝面花岗岩 300×300×30,蒙古黑火烧面花岗岩 300×150×30 收边 4.找平层:30 厚 1∶3 干硬性水泥砂浆 5.结合层:5 厚 1∶1 水泥砂浆	m²	11.34			
2	050201001002	青石板碎拼	1.路床土石类别:三类土 2.垫层厚度、宽度、材料种类:100 厚 C20 混凝土、200 厚天然级配砂砾 3.路面厚度、宽度、材料种类:青石板碎拼,水泥勾缝 4.找平层:30 厚 1∶3 干硬性水泥砂浆 5.结合层:5 厚 1∶1 水泥砂浆	m²	23.49			

续表

序号	项目编码	项目名称	项目特征描述	计量单位	工程量	金额/元 综合单价	合价	其中暂估价
3	050201001003	花岗岩汀步	1.路床土石类别：三类土 2.垫层厚度、宽度、材料种类：100厚C20混凝土、100厚中砂层 3.路面厚度、宽度、材料种类：600×600×50、600×300×50、300×300×50等的芝麻白荔枝面花岗岩 4.找平层：30厚1:3干硬性水泥砂浆 5.结合层：5厚1:1水泥砂浆	m²	6.84			
4	050201001004	花岗岩汀步	1.路床土石类别：三类土 2.垫层厚度、宽度、材料种类：100厚C20混凝土、100厚中砂层 3.路面厚度、宽度、材料种类：$R400$、$R330$、$R550$、$R660$圆形50厚芝麻白荔枝面花岗岩 4.找平层：30厚1:3干硬性水泥砂浆 5.结合层：5厚1:1水泥砂浆	m²	5.98			
5	050201001005	卵石路面	1.路床土石类别：三类土 2.垫层厚度、宽度、材料种类：100厚C20混凝土、200厚天然级配砂砾 3.路面厚度、宽度、材料种类：白色砾石$D=5\sim8$,立铺 4.砂浆厚度、配合比：1:2水泥	m²	26.87			

续表

序号	项目编码	项目名称	项目特征描述	计量单位	工程量	金额/元		
						综合单价	合价	其中暂估价
6	050201001006	卵石路面	1.路床土石类别:三类土 2.垫层厚度、宽度、材料种类:100 厚 C20 混凝土、200 厚天然级配砂砾 3.路面厚度、宽度、材料种类:白色砾石 $D=10\sim15$,立铺 4.砂浆厚度、配合比:1:2 水泥	m²	11.81			
7	050201001007	自然条石	1.路床土石类别:三类土 2.垫层厚度、宽度、材料种类:100 厚 C20 混凝土、100 厚中砂层 3.路面厚度、宽度、材料种类:自然条石 2 000×360 4.找平层:30 厚 1:3 干硬性水泥砂浆 5.结合层:5 厚 1:1 水泥砂浆	m²	4.32			
8	050201001008	自然条石	1.路床土石类别:三类土 2.垫层厚度、宽度、材料种类:100 厚 C20 混凝土、100 厚中砂层 3.路面厚度、宽度、材料种类:自然条石 1 000×400 4.找平层:30 厚 1:3 干硬性水泥砂浆 5.结合层:5 厚 1:1 水泥砂浆	m²	1.6			

续表

序号	项目编码	项目名称	项目特征描述	计量单位	工程量	金额/元 综合单价	合价	其中暂估价
9	050201001009	花岗岩铺装	1.路床土石类别:三类土 2.垫层厚度、宽度、材料种类:100厚C20混凝土、200厚天然级配砂砾 3.路面厚度、宽度、材料种类:芝麻灰火烧面600×600×30,黄金麻荔枝面200×200×30,蒙古黑火烧面300×300×30,黄金麻荔枝面300×300×30收边 4.找平层:30厚1:3干硬性水泥砂浆 5.结合层:5厚1:1水泥砂浆	m²	19.38			
10	050201003001	路牙铺设	1.垫层厚度、材料种类:150厚C20混凝土、200厚3:7灰土 2.路牙材料种类、规格:芝麻白机切面花岗岩平边石(W100×H100×L1 000) 3.砂浆强度等级:20厚1:2水泥砂浆	m	14.45			
11	050201003002	路牙铺设	1.垫层厚度、材料种类:150厚C20混凝土、200厚3:7灰土 2.路牙材料种类、规格:芝麻白荔枝面花岗岩50×600×50 3.砂浆强度等级:20厚1:2水泥砂浆	m	6.45			

注:为计取规费等的需要,可在表中增设"其中:定额人工费"。

任务考核

任务考核表见表 2-27。

表 2-27 任务考核表 5

序号	考核内容	考核标准	配分	考核记录	得分
1	分部分项列项	分部分项正确、全面	25		
2	列工程量计算表达式	表达式正确	25		
3	工程量计算结果	计算结果准确	25		
4	工程量计算步骤	计算步骤正确	25		
	合计		100		

复习提高

由专任教师提供包含园林绿化、园路、园桥、景观等内容的工程施工图,要求学生完成园路工程的定额工程量和清单工程量的计算。

任务 3 园林景观工程工程量计算及工程量清单编制

能力目标

1. 能计算园林景观工程工程量;
2. 能编制园林景观工程工程量清单。

知识目标

1. 了解园林景观工程工程量计算相关规则及说明;
2. 掌握园林景观工程工程量清单编制方法和步骤。

基本知识

一、相关术语

(1)堆砌假山:亦称叠山、掇山,是指利用可叠假山的天然石料(品石),人工叠造而成的石假山。

(2)池山:假山的一种类型(按假山堆筑的位置进行分类),是堆筑在水池中的假山。可以单独成景,也可以结合水的形状或水饰的形态成景,如瀑布假山。

(3)盆景山:在有的园林露地庭院中布置的大型山水盆景。盆景中的山水景观大多数都是按照真山真水形象塑造的,而且有着显著的小中见大的艺术效果,能够让人领会到咫尺千里的山水意境。

(4)安步景石:天然孤块的非竖向景石的安装、布置。

(5)零星点布:按照若干块山石布置石景时"散漫理之"的做法,其布置方式的最大特点是山石分散、随意布置。

(6)山石护角:带土假山的一种做法,是为了使假山呈现设计预定的轮廓而在转角用山石设置的保护山体的一种措施。

(7)塑假山:采用水泥材料以人工塑造的方式来制作假山或石景。

(8)砖骨架:采用砖石填充物塑石构造。先按照设计的山石形体,用废旧的山石材料砌筑起来,砌体的形状大致与设计石形相同。为了节省材料,可在砌体内砌出内空的石室,然后用钢筋混凝土板盖顶,留出门洞和通气口。砌体坯形完全砌筑好后,就用水泥砂浆仿照自然山石而进行抹面。以这种结构形式做成的塑石,石内有空心的,也有实心的。

(9)钢骨架:钢筋铁丝网塑石构造。先按照设计的岩石或假山形体,用直径为 12 mm 左右的钢筋,编扎成山石的模坯形状,作为其结构骨架。钢筋的交点最好用电焊焊牢,然后再用铁丝网蒙在钢筋骨架外面,并用细铁丝扎牢。用由粗砂配制的水泥砂浆,在石内石外两面进行抹面,一般要抹 2~3 遍,使塑石的石壳总厚度达到 4~6 cm。采用这种结构形式的塑石作品,石内一般是空的,以后不能受到猛烈撞击,否则容易遭到破坏。

二、园林景观工程工程量计算规则及使用说明

(一)园林景观定额工程量计算规则

1. 堆塑假山

(1)堆砌石假山、点风景石、池(盆景)置石、山石护角及台阶,预算按设计图示尺寸以估算质量计算,结算按假山进料实砌质量计算。

质量估算公式:

$$W_{单} = L \cdot B \cdot H \cdot R$$

式中:$W_{单}$——山石单体质量(t);

L——长度方向的平均值(m);

B——宽度方向的平均值(m);

H——高度方向的平均值(m);

R——石料比重。黄(杂)石为 2.6 t/m³,湖石为 2.2 t/m³。

(2)塑假山按设计图示尺寸以展开面积计算;塑假山钢骨架制作安装按设计图示尺寸以质量计算。

(3)石笋安砌按设计图示数量计算。

2. 亭廊屋面

(1)草屋面按设计图示尺寸以斜面积计算。

(2)树皮屋面按设计图示尺寸以屋面结构外围面积计算。

(3)围墙瓦顶按设计图示尺寸以长度计算。

3. 花架

(1)花架梁、檩、柱或混凝土零星构件制作或安装,均按设计图示尺寸以体积计算。

(2)钢制花架柱、梁按设计图示尺寸以质量计算。

(3)木制花架按设计图示截面乘以长度(包括榫长)以体积计算。

4. 园林桌椅

(1)石桌石凳安装按设计图示数量计算。

(2)塑树根桌凳按设计图示数量计算。

(3)成品塑料、铁艺、金属椅安装按设计图示数量计算。

5.杂项

(1)石灯、石球、仿石音箱安装按设计图示数量计算。

(2)塑松棍、柱面塑松皮按设计图示尺寸以构件长度计算;塑松(杉)树皮、墙柱面塑木纹,按设计图示尺寸以外表面积计算;塑树头按设计图示数量计算。

(3)金属栏杆、塑料(PVC)栏杆安装按设计图示尺寸以长度计算。铸铁栏杆安装按设计质量计算。

(4)砌景石墙按设计图示尺寸以体积计算。

(5)砌景窗按设计图示尺寸以面积计算。

(6)成品花盆安装按设计图示数量计算。

(7)摆花按设计图示数量计算。

(8)水池基础垫层,水池池底、池壁制作或砌筑,池底铺卵石,均按设计图示尺寸以体积计算。

(9)成品垃圾箱安装按设计数量计算。

(10)砖砌园林小摆设按设计图示尺寸以体积计算,小摆设抹灰按设计图示尺寸以展开面积计算。

(11)膨润土复合防水层、三元乙丙橡胶防水层柔性水池按设计图示尺寸以展开面积计算。

(二)定额使用说明

1.堆塑假山

(1)如遇带座、盘的石笋、景石或盆景置石等,其砌筑的座、盘应按其使用的材质和形式,执行相应项目定额。

(2)定额中的"山石台阶踏步",是指独立、零星的山石台阶踏步。带山石挡土墙的山石台阶踏步,其山石挡土墙和山石台阶踏步应分别列项,执行相应定额项目。山石挡土墙(包括山坡磴道两边的山石挡土墙)执行山石护角定额项目。

(3)堆塑假山,设计铁件或钢筋用量与定额不同时,可进行调整。

(4)园林景观工程定额项目不包括以下内容,发生时另行计算:

①堆砌石假山及石笋、布置景石、池置石,不包括基础、脚手架的费用;

②塑假山不包括模型制作、脚手架的费用。

2.亭廊屋面

草、树皮屋面定额内,已包括檩条、椽子,不另计算。

3.花架

(1)现浇混凝土花架、预制混凝土花架安装项目,适用于梁、檩、柱断面在 220 cm² 以内、高度在 6 m 以下的轻型花架。

(2)花架定额中未含钢筋和模板,模板执行园林绿化工程模板工程相应项目定额,钢筋执行《湖北省房屋建筑与装饰工程消耗量定额及全费用基价表》相应项目定额。

(3)花架基础、玻璃天棚、表面装饰及涂料,执行《湖北省房屋建筑与装饰工程消耗量定额及全费用基价表》相应项目定额。

4. 园林桌椅

(1)方(圆)形石桌凳、长条形石凳安装均按成品桌凳考虑,其中方(圆)形石桌凳以一桌四凳为一套,长条形石凳包括凳面、凳脚。

(2)塑树根桌凳以一桌四凳为一套,小套桌面直径为 600 mm,中套桌面直径为 800 mm,大套桌面直径为 1 000 mm。

5. 杂项

(1)柱面塑松皮、塑松(杉)树皮、塑木纹、塑树头等子目,仅考虑面层或表层的装饰和抹灰底层,基层材料均未考虑在内。

(2)塑松棍、柱面塑松皮是按一般造型考虑的,如为艺术造型(如树枝、老松皮、寄生等),另行计算。

(3)水池定额是按一般方形、圆形、多边形水池编制的,如遇异形水池,另行计算。

(4)混凝土水池,池内底面积在 20 m² 以内的,池底和池壁定额的人工乘以系数 1.25。

(5)水池定额中未含钢筋和模板,模板执行园林绿化工程模板工程相应项目定额,钢筋执行《湖北省房屋建筑与装饰工程消耗量定额及全费用基价表》相应项目定额。

(三)定额补充说明

使用过程中应注意的问题:

(1)水磨石桌凳安装子目是按工厂制成品、混凝土基础、座浆安装编制的,如采用其他做法安装,仍执行本定额,不予换算。

(2)方(圆)形石桌凳、长条形石凳安装定额子目不含基础,发生时另行计算。

三、措施项目定额工程量计算规则及使用说明

(一)工程量计算规则

1. 脚手架工程

(1)园林砌筑及抹灰钢管脚手架按砌筑物长度乘以垂直高度以最大矩形面积计算。

(2)简易脚手架按垂直投影面积计算,不扣除门窗等孔洞的面积。

2. 模板工程

(1)混凝土构件模板工程量(除定额另有规定外)均按混凝土与模板的接触面积计算。

(2)混凝土台阶,按设计图示台阶尺寸的水平投影面积计算,台阶端头两侧不另计算模板面积。

3. 树木支撑架、草绳绕树干、搭设遮阴(防寒)棚工程

(1)树木支撑架、树干刷白、树木防寒防冻按树木设计图示数量计算。

(2)草绳绕树干按树干缠绕长度计算。

(3)遮阴(防寒)棚搭设按遮阴(防寒)棚外围覆盖层的展开尺寸以面积计算。

(二)定额使用说明

1. 脚手架工程

凡砌筑高度在 1.5 m 及以上的砌体或假山,应计算脚手架。

2.模板工程

(1)园林绿化工程措施项目模板工程中的模板是结合本定额中涉及的混凝土构件,以木模板、木支撑编制的,实际使用模板不同时,不得调整。

(2)零星混凝土构件,指每件体积在 0.05 m³ 以内的未列出定额项目的构件。

3.树木支撑架、草绳绕树干、搭设遮阴(防寒)棚工程

(1)遮阴棚搭设按单层遮阴网搭设考虑,如双层搭设,遮阴网材料据实调整,定额人工乘以系数1.2。

(2)苗木防寒防冻所用塑料薄膜材料均按单层覆盖,如实际采用不同,塑料薄膜材料用量可以调整,其他不变。

(三)定额补充说明

定额项目有关问题的说明:

(1)草绳绕树干,当设计无规定时,草绳缠干高度为1.3 m。

(2)种植胸径为 5 cm 以上的乔木,应设支柱固定。支柱应牢固,绑扎树木处应夹垫物。

(3)遮阴棚搭设定额区分不同高度:5 m 以内定额子目中因实际使用搭设材料无固定模式,其钢管及扣件另行计算;5 m 以上,定额未设置子目,另行计算。搭设时的主要材料为毛竹、遮阴网,定额按两次摊销考虑。

(4)三角桩是指以三根支撑桩自地面三个方向斜撑树木的支撑方式。

四、园林景观工程清单工程量计算规则

堆塑假山工程量清单项目设置、项目特征描述的内容、计量单位、工程量计算规则应按表 2-28 的规定执行。

表 2-28 堆塑假山(编码:050301)

项目编码	项目名称	项目特征	计量单位	工程量计算规则	工作内容
050301001	堆筑土山丘	1.土丘高度 2.土丘坡度要求 3.土丘底外接矩形面积	m³	按设计图示山丘水平投影外接矩形面积乘以高度的1/3以体积计算	1.取土、运土 2.堆砌、夯实 3.修整
050301002	堆砌石假山	1.堆砌高度 2.石料种类、单块重量 3.混凝土强度等级 4.砂浆强度等级、配合比	t	按设计图示尺寸以质量计算	1.选料 2.起重机搭、拆 3.堆砌、修整

续表

项目编码	项目名称	项目特征	计量单位	工程量计算规则	工作内容
050301003	塑假山	1.假山高度 2.骨架材料种类、规格 3.山皮料种类 4.混凝土强度等级 5.砂浆强度等级、配合比 6.防护材料种类	m²	按设计图示尺寸以展开面积计算	1.骨架制作 2.假山胎模制作 3.塑假山 4.山皮料安装 5.刷防护材料
050301004	石笋	1.石笋高度 2.石笋材料种类 3.砂浆强度等级、配合比	支	1.以块(支)计量,按设计图示数量计算 2.以 t 计量,按设计图示石料质量计算	1.选石料 2.石笋安装
050301005	点风景石	1.石料种类 2.石料规格、重量 3.砂浆配合比	块或t		1.选石料 2.起重架搭、拆 3.点石
050301006	池、盆景置石	1.底盘种类 2.山石高度 3.山石种类 4.混凝土砂浆强度等级 5.砂浆强度等级、配合比	座或个	按设计图示数量计算	1.底盘制作、安装 2.池、盆景山石安装、砌筑
050301007	山(卵)石护角	1.石料种类、规格 2.砂浆配合比	m³	按设计图示尺寸以体积计算	1.石料加工 2.砌石
050301008	山坡(卵)石台阶	1.石料种类、规格 2.台阶坡度 3.砂浆强度等级	m²	按设计图示尺寸以水平投影面积计算	1.选石料 2.台阶砌筑

注:①假山(堆筑土山丘除外)工程的挖土方、开凿石方、回填等应按房屋建筑与装饰工程计量规范相关项目编码列项。
②如遇某些构配件使用钢筋混凝土或金属构件,应按房屋建筑与装饰工程计量规范或市政工程计量规范相关项目编码列项。
③散铺河滩石按点风景石项目单独编码列项。
④堆筑土山丘,适用于夯填、堆筑而成的土山丘。

原木、竹构件工程量清单项目设置、项目特征描述的内容、计量单位、工程量计算规则应按表 2-29 的规定执行。

表 2-29 原木、竹构件(编码:050302)

项目编码	项目名称	项目特征	计量单位	工程量计算规则	工作内容
050302001	原木(带树皮)柱、梁、檩、椽	1.原木种类 2.原木直(梢)径(不含树皮厚度) 3.墙龙骨材料种类、规格 4.墙底层材料种类、规格 5.构件联结方式 6.防护材料种类	m	按设计图示尺寸以长度计算(包括榫长)	1.构件制作 2.构件安装 3.刷防护材料
050302002	原木(带树皮)墙		m²	按设计图示尺寸以面积计算(不包括柱、梁)	
050302003	树枝吊挂楣子			按设计图示尺寸以框外围面积计算	
050302004	竹柱、梁、檩、椽	1.竹种类 2.竹直(梢)径 3.连接方式 4.防护材料种类	m	按设计图示尺寸以长度计算	
050302005	竹编墙	1.竹种类 2.墙龙骨材料种类、规格 3.墙底层材料种类、规格 4.防护材料种类	m²	按设计图示尺寸以面积计算(不包括柱、梁)	
050302006	竹吊挂楣子	1.竹种类 2.竹梢径 3.防护材料种类		按设计图示尺寸以框外围面积计算	

注:①木构件连接方式应包括开榫连接、铁件连接、扒钉连接和铁钉连接。
②竹构件连接方式应包括竹钉固定、竹篾绑扎和铁丝连接。

亭廊屋面工程量清单项目设置、项目特征描述的内容、计量单位、工程量计算规则应按表 2-30 的规定执行。

表 2-30 亭廊屋面(编码:050303)

项目编码	项目名称	项目特征	计量单位	工程量计算规则	工作内容
050303001	草屋面	1.屋面坡度 2.铺草种类 3.竹材种类 4.防护材料种类	m²	按设计图示尺寸以斜面计算	1.整理、选料 2.屋面铺设 3.刷防护材料
050303002	竹屋面			按设计图示尺寸以实铺面积计算(不包括柱、梁)	
050303003	树皮屋面			按设计图示尺寸以屋面结构外围面积计算	
050303004	油毡瓦屋面	1.冷底子油品种 2.冷底子油涂刷遍数 3.油毡瓦颜色规格		按设计图示尺寸以斜面计算	1.清理基层 2.材料裁接 3.刷油 4.铺设
050303005	预制混凝土穹顶	1.穹顶弧长、直径 2.肋截面尺寸 3.板厚 4.混凝土强度等级 5.拉杆材质、规格	m³	按设计图示尺寸以体积计算。混凝土脊和穹顶的肋、基梁并入屋面体积	1.模板制作、运输、安装、拆除、保养 2.混凝土制作、运输、浇筑、振捣、养护 3.构件运输、安装 4.砂浆制作、运输 5.接头灌缝、养护

续表

项目编码	项目名称	项目特征	计量单位	工程量计算规则	工作内容
050303006	彩色压型钢板(夹芯板)攒尖亭屋面板	1.屋面坡度 2.穹顶弧长、直径 3.彩色压型钢板(夹芯板)品种、规格 4.拉杆材质、规格 5.嵌缝材料种类 6.防护材料种类	m²	按设计图示尺寸以实铺面积计算	1.压型板安装 2.护角、包角、泛水安装 3.嵌缝 4.刷防护材料
050303007	彩色压型钢板(夹芯板)穹顶				
050303008	玻璃屋面	1.屋面坡度 2.龙骨材质、规格 3.玻璃材质、规格 4.防护材料种类			1.制作 2.运输 3.安装
050303009	木(防腐木)屋面	1.木(防腐木)种类 2.防护层处理			

注：①柱顶石(磉磴石)、钢筋混凝土屋面板、钢筋混凝土亭屋面板、木柱、木屋架、钢柱、钢屋架、屋面木基层和防水层等，应按房屋建筑与装饰工程计量规范中相关项目编码列项。
②膜结构的亭、廊，应按房屋建筑与装饰工程计量规范中相关项目编码列项。
③竹构件连接方式应包括竹钉固定、竹篾绑扎和铁丝连接。

花架工程量清单项目设置、项目特征描述的内容、计量单位、工程量计算规则应按表2-31的规定执行。

表2-31　花架(编码:050304)

项目编码	项目名称	项目特征	计量单位	工程量计算规则	工作内容
050304001	现浇混凝土花架柱、梁	1.柱截面、高度、根数 2.盖梁截面、高度、根数 3.连系梁截面、高度、根数 4.混凝土强度等级	m³	按设计图示尺寸以体积计算	1.模板制作、运输、安装、拆除、保养 2.混凝土制作、运输、浇筑、振捣、养护
050304002	预制混凝土花架柱、梁	1.柱截面、高度、根数 2.盖梁截面、高度、根数 3.连系梁截面、高度、根数 4.混凝土强度等级 5.砂浆配合比			1.模板制作、运输、安装、拆除、保养 2.混凝土制作、运输、浇筑、振捣、养护 3.构件运输、安装 4.砂浆制作、运输 5.接头灌缝、养护

续表

项目编码	项目名称	项目特征	计量单位	工程量计算规则	工作内容
050304003	金属花架柱、梁	1.钢材品种、规格 2.柱、梁截面 3.油漆品种、刷漆遍数	t	按设计图示尺寸以质量计算	1.制作、运输 2.安装 3.油漆
050304004	木花架柱、梁	1.木材种类 2.柱、梁截面 3.连接方式 4.防护材料种类	m³	按设计图示截面乘以长度(包括榫长)以体积计算	1.构件制作、运输、安装 2.刷防护材料、油漆
050304005	竹花架柱、梁	1.竹种类 2.竹胸径 3.油漆品种、刷漆遍数	m或根	1.以m计量,按设计图示花架构件长度尺寸以延长米计算 2.以根计量,按设计图示花架柱、梁数量计算	1.制作 2.运输 3.安装 4.油漆

注:花架基础、玻璃天棚、表面装饰及涂料项目应按房屋建筑与装饰工程计量规范中相关项目编码列项。

园林桌椅工程量清单项目设置、项目特征描述的内容、计量单位、工程量计算规则应按表 2-32 的规定执行。

表 2-32　园林桌椅(编码:050305)

项目编码	项目名称	项目特征	计量单位	工程量计算规则	工作内容
050305001	预制钢筋混凝土飞来椅	1.座凳面厚度、宽度 2.靠背扶手截面 3.靠背截面 4.座凳楣子形状、尺寸 5.混凝土强度等级 6.砂浆配合比	m	按设计图示尺寸以座凳面中心线长度计算	1.模板制作、运输、安装、拆除、保养 2.混凝土制作、运输、浇筑、振捣、养护 3.构件运输、安装 4.砂浆制作、运输、抹面、养护 5.接头灌缝、养护
050305002	水磨石飞来椅	1.座凳面厚度、宽度 2.靠背扶手截面 3.靠背截面 4.座凳楣子形状、尺寸 5.砂浆配合比			1.砂浆制作、运输 2.飞来椅制作 3.飞来椅运输 4.飞来椅安装

续表

项目编码	项目名称	项目特征	计量单位	工程量计算规则	工作内容
050305003	竹制飞来椅	1.竹材种类 2.座凳面厚度、宽度 3.靠背扶手截面 4.靠背截面 5.座凳楣子形状 6.铁件尺寸、厚度 7.防护材料种类	m	按设计图示尺寸以座凳面中心线长度计算	1.座凳面、靠背扶手、靠背、楣子制作、安装 2.铁件安装 3.刷防护材料
050305004	现浇混凝土桌凳	1.桌凳形状 2.基础尺寸、埋设深度 3.桌面尺寸、支墩高度 4.凳面尺寸、支墩高度 5.混凝土强度等级、砂浆配合比	个	按设计图示数量计算	1.模板制作、运输、安装、拆除、保养 2.混凝土制作、运输、浇筑、振捣、养护 3.砂浆制作、运输
050305005	预制混凝土桌凳	1.桌凳形状 2.基础形状、尺寸、埋设深度 3.桌面形状、尺寸、支墩高度 4.凳面尺寸、支墩高度 5.混凝土强度等级 6.砂浆配合比	个	按设计图示数量计算	1.模板制作、运输、安装、拆除、保养 2.混凝土制作、运输、浇筑、振捣、养护 3.构件制作、安装 4.砂浆制作、运输 5.接头灌缝、养护
050305006	石桌石凳	1.石材种类 2.基础形状、尺寸、埋设深度 3.桌面形状、尺寸、支墩高度 4.凳面尺寸、支墩高度 5.混凝土强度等级 6.砂浆配合比			1.土方挖运 2.桌凳制作 3.桌凳运输 4.桌凳安装 5.砂浆制作、运输

续表

项目编码	项目名称	项目特征	计量单位	工程量计算规则	工作内容
050305007	水磨石桌凳	1.基础形状、尺寸、埋设深度 2.桌面形状、尺寸、支墩高度 3.凳面尺寸、支墩高度 4.混凝土强度等级 5.砂浆配合比	个	按设计图示数量计算	1.桌凳制作 2.桌凳运输 3.桌凳安装 4.砂浆制作、运输
050305008	塑树根桌凳	1.桌凳直径 2.桌凳高度 3.砖石种类 4.砂浆强度等级、配合比 5.颜料品种、颜色			1.砂浆制作、运输 2.砖石砌筑 3.塑树皮 4.绘制木纹
050305009	塑树节椅				
050305010	塑料、铁艺、金属椅	1.木座板面截面 2.座椅规格、颜色 3.混凝土强度等级 4.防护材料种类			1.座椅制作 2.座板安装 3.刷防护材料

注：木制飞来椅按现行仿古建筑工程计量规范相关项目编码列项。

喷泉安装工程量清单项目设置、项目特征描述的内容、计量单位、工程量计算规则应按表 2-33 的规定执行。

表 2-33 喷泉安装（编码：050306）

项目编码	项目名称	项目特征	计量单位	工程量计算规则	工作内容
050306001	喷泉管道	1.管材、管件、阀门、喷头品种 2.管道固定方式 3.防护材料种类	m	按设计图示管道中心线长度以延长米计算，不扣除检查（阀门）井、阀门、管件及附件所占的长度	1.土（石）方挖运 2.管材、管件、阀门、喷头安装 3.刷防护材料 4.回填
050306002	喷泉电缆	1.保护管品种、规格 2.电缆品种、规格		按设计图示单根电缆长度以延长米计算	1.土（石）方挖运 2.电缆保护管安装 3.电缆敷设 4.回填

续表

项目编码	项目名称	项目特征	计量单位	工程量计算规则	工作内容
050306003	水下艺术装饰灯具	1. 灯具品种、规格 2. 灯光颜色	套	按设计图示数量计算	1. 灯具安装 2. 支架制作、运输、安装
050306004	电气控制柜	1. 规格、型号 2. 安装方式	台		1. 电气控制柜（箱）安装 2. 系统调试
050306005	喷泉设备	1. 设备品种 2. 设备规格、型号 3. 防护网品种、规格			1. 设备安装 2. 系统调试 3. 防护网安装

注：①喷泉水池应按房屋建筑与装饰工程计量规范中相关项目编码列项。
②管架项目按房屋建筑与装饰工程计量规范中钢支架项目单独编码列项。

杂项工程量清单项目设置、项目特征描述的内容、计量单位、工程量计算规则应按表 2-34 的规定执行。

表 2-34　杂项（编码：050307）

项目编码	项目名称	项目特征	计量单位	工程量计算规则	工作内容
050307001	石灯	1. 石料种类 2. 石灯最大截面 3. 石灯高度 4. 砂浆配合比	个	按设计图示数量计算	1. 石灯（球）制作 2. 石灯（球）安装
050307002	石球	1. 石料种类 2. 球体直径 3. 砂浆配合比			
050307003	塑仿石音箱	1. 音箱石内空尺寸 2. 铁丝型号 3. 砂浆配合比 4. 水泥漆颜色			1. 胎模制作、安装 2. 铁丝网制作、安装 3. 砂浆制作、运输 4. 喷水泥漆 5. 埋置仿石音箱

续表

项目编码	项目名称	项目特征	计量单位	工程量计算规则	工作内容
050307004	塑树皮梁、柱	1.塑树种类 2.塑竹种类 3.砂浆配合比 4.喷字规格、颜色 5.油漆品种、颜色	m² 或 m	1.以 m² 计量，按设计图示尺寸以梁、柱外表面积计算 2.以 m 计量，按设计图示尺寸以构件长度计算	1.灰塑 2.刷涂颜料
050307005	塑竹梁、柱				
050307006	铁艺栏杆	1.铁艺栏杆高度 2.铁艺栏杆单位长度重量 3.防护材料种类	m	按设计图示尺寸以长度计算	1.铁艺栏杆安装 2.刷防护材料
050307007	塑料栏杆	1.栏杆高度 2.塑料种类	m	按设计图示尺寸以长度计算	1.下料 2.安装 3.校正
050307008	钢筋混凝土艺术围栏	1.围栏高度 2.混凝土强度等级 3.表面涂敷材料种类	m² 或 m	1.以 m² 计量，按设计图示尺寸以面积计算 2.以 m 计量，按设计图示尺寸以延长米计算	1.制作 2.运输 3.安装 4.砂浆制作、运输 5.接头灌缝、养护
050307009	标志牌	1.材料种类、规格 2.镌字规格、种类 3.喷字规格、颜色 4.油漆品种、颜色	个	按设计图示数量计算	1.选料 2.标志牌制作 3.雕凿 4.镌字、喷字 5.运输、安装 6.刷油漆
050307010	景墙	1.土质类别 2.垫层材料种类 3.基础材料种类、规格 4.墙体材料种类、规格 5.墙体厚度 6.混凝土、砂浆强度等级、配合比 7.饰面材料种类	m³ 或段	1.以 m³ 计量，按设计图示尺寸以体积计算 2.以段计量，按设计图示尺寸以数量计算	1.土(石)方挖运 2.垫层、基础铺设 3.墙体砌筑 4.面层铺贴

续表

项目编码	项目名称	项目特征	计量单位	工程量计算规则	工作内容
050307011	景窗	1.景窗材料品种、规格 2.混凝土强度等级 3.砂浆强度等级、配合比 4.涂刷材料品种	m²	按设计图示尺寸以面积计算	1.制作 2.运输 3.砌筑安放 4.勾缝 5.表面涂刷
050307012	花饰	1.花饰材料品种、规格 2.砂浆配合比 3.涂刷材料品种			
050307013	博古架	1.博古架材料品种、规格 2.混凝土强度等级 3.砂浆配合比 4.涂刷材料品种	m²、m或个	1.以m²计量,按设计图示尺寸以面积计算 2.以m计量,按设计图示尺寸以延长米计算 3.以个计量,按设计图示尺寸以数量计算	1.制作 2.运输 3.砌筑安放 4.勾缝 5.表面涂刷
050307014	花盆(坛、箱)	1.花盆(坛)的材质及类型 2.规格尺寸 3.混凝土强度等级 4.砂浆配合比	个	按设计图示尺寸以数量计算	1.制作 2.运输 3.安放
050307015	摆花	1.花盆(钵)的材质及类型 2.花卉品种与规格	m²或个	1.以m²计量,按设计图示尺寸以水平投影面积计算 2.以个计量,按设计图示数量计算	1.搬运 2.安放 3.养护 4.撤收

续表

项目编码	项目名称	项目特征	计量单位	工程量计算规则	工作内容
050307016	花池	1. 土质类别 2. 池壁材料种类、规格 3. 混凝土、砂浆强度等级、配合比 4. 饰面材料种类	m^3、m 或个	1. 以 m^3 计量,按设计图示尺寸以体积计算 2. 以 m 计量,按设计图示尺寸以池壁中心线处延长米计算 3. 以个计量,按设计图示数量计算	1. 垫层铺设 2. 基础砌(浇)筑 3. 墙体砌(浇)筑 4. 面层铺贴
050307017	垃圾箱	1. 垃圾箱材质 2. 规格尺寸 3. 混凝土强度等级 4. 砂浆配合比	个	按设计图示尺寸以数量计算	1. 制作 2. 运输 3. 安放
050307018	砖石砌小摆设	1. 砖种类、规格 2. 石种类、规格 3. 砂浆强度等级、配合比 4. 石表面加工要求 5. 勾缝要求	m^3 或个	1. 以 m^3 计量,按设计图示尺寸以体积计算 2. 以个计量,按设计图示尺寸以数量计算	1. 砂浆制作、运输 2. 砌砖、石 3. 抹面、养护 4. 勾缝 5. 石表面加工
050307019	其他景观小摆设	1. 名称及材质 2. 规格尺寸	个	按设计图示尺寸以数量计算	1. 制作 2. 运输 3. 安装
050307020	柔性水池	1. 水池深度 2. 防水(漏)材料品种	m^2	按设计图示尺寸以水平投影面积计算	1. 清理基层 2. 材料裁接 3. 铺设

注:砌筑果皮箱,放置盆景的须弥座等,应按砖石砌小摆设项目编码列项。

其他相关问题应按下列规定处理:

(1)现浇混凝土构件模板以 m^3 计量时,模板及支架工程不再单列,按混凝土及钢筋混凝土实体项目执行,综合单价中应包含模板及支架。

(2)现浇混凝土构件模板以 m^2 计量时,按模板与现浇混凝土构件的接触面积计算,按措施项目单列清单项目。

(3)编制现浇混凝土构件工程量清单时,应注明模板的计量方式,不得在同一个混凝土工程的模板项目中同时使用两种计量方式。

(4)混凝土构件中的钢筋项目应按房屋建筑与装饰工程计量规范中相应项目编码列项。

(5)预制混凝土构件按成品编制项目。

(6)石浮雕、石镂字应按《仿古建筑工程工程量计算规范》附录 B 中相应项目编码列项。

五、措施项目清单工程量计算规则

脚手架工程工程量清单项目设置、项目特征描述的内容、计量单位、工程量计算规则应按表 2-35 的规定执行。

表 2-35　脚手架工程(编码:050401)

项目编码	项目名称	项目特征	计量单位	工程量计算规则	工作内容
050401001	砌筑脚手架	1.搭设方式 2.墙体高度	m²	按墙的长度乘墙的高度以面积计算(硬山建筑山墙高算至山尖)。独立砖石柱高度在 3.6 m 以内时,以柱结构周长乘以柱高计算;独立砖石柱高度在 3.6 m 以上时,以柱结构周长加 3.6 m 乘以柱高计算 凡砌筑高度在 1.5 m 及以上的砌体,应计算脚手架	1.场内、场外材料搬运 2.搭、拆脚手架、斜道、上料平台 3.铺设安全网 4.拆除脚手架后材料分类堆放
050401002	抹灰脚手架	1.搭设方式 2.墙体高度	m²	按抹灰墙面的长度乘高度以面积计算(硬山建筑山墙高算至山尖)。独立砖石柱高度在 3.6 m 以内时,以柱结构周长乘以柱高计算;独立砖石柱高度在 3.6 m 以上时,以柱结构周长加 3.6 m 乘以柱高计算	
050401003	亭脚手架	1.搭设方式 2.檐口高度	座或 m²	1.以座计量,按设计图示数量计算 2.以 m² 计量,按建筑面积计算	
050401004	满堂脚手架	1.搭设方式 2.施工面高度	m²	按搭设的地面主墙间尺寸以面积计算	
050401005	堆砌(塑)假山脚手架	1.搭设方式 2.假山高度		按外围水平投影最大矩形面积计算	
050401006	桥身脚手架	1.搭设方式 2.桥身高度		按桥基础底面至桥面平均高度乘以河道两侧宽度以面积计算	
050401007	斜道	斜道高度	座	按搭设数量计算	

模板工程工程量清单项目设置、项目特征描述的内容、计量单位、工程量计算规则应按表 2-36 的规定执行。

表 2-36　模板工程(编码:050402)

项目编码	项目名称	项目特征	计量单位	工程量计算规则	工作内容
050402001	现浇混凝土垫层	厚度	m^2	按混凝土与模板接触面积计算	1. 制作 2. 安装 3. 拆除 4. 清理 5. 刷隔离剂 6. 材料运输
050402002	现浇混凝土路面				
050402003	现浇混凝土路牙、树池围牙	高度			
050402004	现浇混凝土花架柱	断面尺寸			
050402005	现浇混凝土花架梁	1. 梁断面尺寸 2. 梁底高度	m^2	按混凝土与模板接触面积计算	
050402006	现浇混凝土花池	池壁断面尺寸			
050402007	现浇混凝土桌凳	1. 桌凳形状 2. 基础尺寸、埋设深度 3. 桌面尺寸、支墩高度 4. 凳面尺寸、支墩高度	m^3 或个	1. 以 m^3 计量,按设计图示混凝土体积计算 2. 以个计量,按设计图示数量计算	
050402008	石桥拱券石、石券脸胎架	1. 胎架面高度 2. 矢高、弦长	m^2	按拱券石、石券脸弧形底面展开尺寸以面积计算	

树木支撑架、草绳绕树干、搭设遮阴(防寒)棚工程工程量清单项目设置、项目特征描述的内容、计量单位、工程量计算规则应按表 2-37 的规定执行。

表 2-37　树木支撑架、草绳绕树干、搭设遮阴(防寒)棚工程(编码:050403)

项目编码	项目名称	项目特征	计量单位	工程量计算规则	工作内容
050403001	树木支撑架	1. 支撑类型、材质 2. 支撑材料规格 3. 单株支撑材料数量	株	按设计图示数量计算	1. 制作 2. 运输 3. 安装 4. 维护

续表

项目编码	项目名称	项目特征	计量单位	工程量计算规则	工作内容
050403002	草绳绕树干	1.胸径(干径) 2.草绳所绕树干高度	株	按设计图示数量计算	1.搬运 2.绕干 3.余料清理 4.养护期后清除
050403003	搭设遮阴(防寒)棚	1.搭设高度 2.搭设材料种类、规格	m^2或株	1.以 m^2 计量,按遮阴(防寒)棚外围覆盖层的展开尺寸以面积计算 2.以株计量,按设计图示数量计算	1.制作 2.运输 3.搭设、维护 4.养护期后清除

围堰、排水工程工程量清单项目设置、项目特征描述的内容、计量单位、工程量计算规则应按表2-38的规定执行。

表2-38 围堰、排水工程(编码:050404)

项目编码	项目名称	项目特征	计量单位	工程量计算规则	工作内容
050404001	围堰	1.围堰断面尺寸 2.围堰长度 3.围堰材料及灌装袋材料品种、规格	m^3或m	1.以 m^3 计量,按围堰断面面积乘以堤顶中心线长度以体积计算 2.以 m 计量,按围堤顶中心线长度以延长米计算	1.取土、装土 2.堆筑围堰 3.拆除、清理围堰 4.材料运输
050404002	排水	1.种类及管径 2.水泵数量 3.排水长度	m^3、天或台班	1.以 m^3 计量,按需要排水量以体积计算,围堰排水按堰内水面面积乘以平均水深计算 2.以天计量,按需要排水日历天计算 3.以台班计算,按水泵排水工作台班计算	1.安装 2.使用、维护 3.拆除水泵 4.清理

安全文明施工及其他措施项目工程量清单项目设置、计量单位、工作内容及包含范围应按表2-39的规定执行。

表 2-39　安全文明施工及其他措施项目(编码:050405)

项目编码	项目名称	工作内容及包含范围
050405001	安全文明施工	1.环境保护:现场施工机械设备降低噪声、防扰民措施;水泥、种植土和其他易飞扬细颗粒建筑材料密闭存放或采取覆盖措施等;工程防扬尘洒水;土石方、杂草、种植遗弃物及建渣外运车辆防护措施等;现场污染源控制、生活垃圾清理外运、场地排水排污措施;其他环境保护措施 2.文明施工:"五牌一图";现场围挡的墙面美化(包括内外粉刷、刷白、标语等)、压顶装饰;现场厕所便槽刷白、贴面砖,水泥砂浆地面或地砖,建筑物内临时便溺设施;其他施工现场临时设施的装饰装修、美化措施;现场生活卫生设施;符合卫生要求的饮水设备、淋浴、消毒等设施;生活用洁净燃料;防煤气中毒、防蚊虫叮咬等措施;施工现场操作场地的硬化;现场绿化、治安综合治理;现场配备医药保健器材、物品和急救人员培训;用于现场工人的防暑降温、电风扇、空调等设备及用电;其他文明施工措施 3.安全施工:安全资料、特殊作业专项方案的编制,安全施工标志的购置及安全宣传;"三宝"(安全帽、安全带、安全网)+"四口"(楼梯口、管井口、通道口、预留洞口)+"五临边"(园桥围边、驳岸围边、跌水围边、槽坑围边、卸料平台两侧),水平防护架、垂直防护架、外架封闭等防护;施工安全用电,包括配电箱三级配电、两级保护装置要求、外电防护措施;起重设备(含起重机、井架、门架)的安全防护措施(含警示标志)及卸料平台的临边防护、层间安全门、防护棚等设施;园林工地起重机械的检验检测;施工机具防护棚及其围栏的安全保护设施;施工安全防护通道;工人的安全防护用品、用具购置;消防设施与消防器材的配置;电气保护、安全照明设施;其他安全防护措施 4.施工现场采用彩色、定型钢板、砖、混凝土砌块等围挡的安砌、维修、拆除;施工现场临时建筑物、构筑物的搭设、维修、拆除,如临时宿舍、办公室、食堂、厨房、厕所、诊疗所、临时文化福利用房、临时仓库、加工场、搅拌台、临时简易水塔、水池等;施工现场临时设施的搭设、维修、拆除,如临时供水管道、临时供电管线、小型临时设施等;施工现场规定范围内临时简易道路铺设,临时排水沟、排水设施安砌、维修、拆除;其他临时设施搭设、维修、拆除
050405002	夜间施工	1.夜间固定照明灯具和临时可移动照明灯具的设置、拆除 2.夜间施工时施工现场交通标志、安全标牌、警示灯等的设置、移动、拆除 3.夜间照明设备及照明用电、施工人员夜班补助、夜间施工劳动效率降低等
050405003	非夜间施工照明	为保证工程施工正常进行,在如假山石洞等特殊施工部位施工时所采用的照明设备的安拆、维护及照明用电等
050405004	二次搬运	由于施工现场条件限制而发生的材料、植物、成品、半成品等一次运输不能到达堆放地点,必须进行的二次或多次搬运

续表

项目编码	项目名称	工作内容及包含范围
050405005	冬雨季施工	1.冬雨(风)季施工时增加的临时设施(防寒保温、防雨、防风设施)的搭设、拆除 2.冬雨(风)季施工时对植物、砌体、混凝土等采用的特殊加温、保温和养护措施 3.冬雨(风)季施工时施工现场的防滑处理,对影响施工的雨雪的清除 4.冬雨(风)季施工时增加的临时设施、施工人员的劳动保护用品、冬雨(风)季施工劳动效率降低等
050405006	反季节栽植影响措施	因反季节栽植在增加材料、人工、防护、养护、管理等方面采取的种植措施及保证成活率措施
050405007	地上、地下设施的临时保护设施	在工程施工过程中,对已建成的地上、地下设施和植物进行的遮盖、封闭、隔离等必要保护措施
050405008	已完工程及设备保护	对已完工程及设备采取的覆盖、包裹、封闭、隔离等必要的保护措施

注:本表所列项目应根据工程实际情况计算措施项目费用,需分摊的应合理计算摊销费用。

学习任务

请根据××校园景观工程施工图纸及工程量计算规则,完成景墙、廊架工程量计算,并填写工程量计算表,编制工程量清单。景墙详图见图2-1(见插页),廊架详图见图2-2(见插页)。

任务分析

园林景观工程包括景墙、花坛、廊架、花架等,各景观工程施工工艺、材料不同,造价差异较大。计算工程量时可以按照施工顺序从下到上来计算。

任务实施

一、准备工作

本任务以××校园景观工程景墙、廊架施工图纸、湖北省园林绿化工程定额工程量计算规则、园林景观工程清单工程量计算规则为计算工程量依据。

二、列出分部分项工程项目名称

根据××校园景观工程景墙、廊架施工图纸、湖北省园林绿化工程定额工程量计算规则和园林景观工程清单工程量计算规则,列出分部分项工程项目名称、单位等。

三、列出工程量计算式并计算结果

列出工程量计算式并计算结果,见表 2-40 至表 2-43。项目名称及项目特征描述中未注明单位的数值,其单位为 mm。

表 2-40 景墙工程量计算表

序号	分项	项目名称	计量单位	工程量表达式	工程量	备注
1	景墙	挖沟槽	m³	(1.44+0.3×2)m×1.2 m×6 m	14.69	
2		回填土	m³	14.69−0.86−0.74−1.87−0.49−(6−2.1)m×0.24 m×0.7 m	10.07	
3		100 厚级配碎石垫层	m³	1.44 m×0.1 m×6 m	0.86	
4		100 厚 C15 混凝土垫层	m³	1.24 m×0.1 m×6 m	0.74	
5		混凝土垫层模板	m²	(1.24+6)m×2×0.1 m	1.45	
6		300 厚 C25 钢筋混凝土基础	m³	1.04 m×0.3 m×6 m	1.87	
7		基础模板	m²	(1.04+6)m×2×0.3 m	4.22	
8		C25 钢筋混凝土墙	m³	(6−2.1)m×(2+0.7)m×0.24 m	2.53	
9		墙模板	m²	(6−2.1)m×(2+0.7)m×2	21.06	
10		M7.5 水泥砂浆砌筑 MU10 砖基础	m³	(0.48×0.12+0.36×0.12+0.24×0.7)m²×2.1 m	0.56	
11		M7.5 水泥砂浆砌筑 MU10 砖墙	m³	(2−0.24)m×2.1 m×0.24 m	0.89	
12		20 厚 1∶2.5 水泥砂浆贴 25 厚文化石	m²	(2+0.1)m×2.1 m+3.9 m×0.4 m+2.1 m×6 m+0.34 m×6 m	20.61	

续表

序号	分项	项目名称	计量单位	工程量表达式	工程量	备注
13		240×240 C25 钢筋混凝土圈梁	m³	0.24 m×0.24 m×2.1 m	0.12	
14		圈梁模板	m²	(2.1+0.24)m×2×0.24 m	1.12	
15		耐候钢下面支撑部分现浇细石混凝土	m³	0.32 m×0.15 m×(6−2.1)m	0.19	
16		支撑构件模板	m²	(0.32+6−2.1)m×2×0.15 m	1.27	
17		景墙内直径为12的Ⅲ级钢筋，间距为200，双层双向布置	t	{(6−2.1)×(2.7/0.2+1)×2+ 2.7×[(6−2.1)/2+1]×2}m× 0.888 kg/m/1 000	0.11	
18		圈梁内4根直径为12的Ⅲ级钢筋	t	2.1 m×4×0.888 kg/m/1 000	0.01	
19		直径为8的Ⅲ级钢筋	t	{[(0.24−0.02×2)×4+2× 11.9]×(2.1/0.15+1)× 0.008}m×0.395 kg/m/1 000	0.001	
20		10厚耐候钢	m²	4.9 m×1.3 m	6.37	
21	花坛	挖基坑土方	m³	(1.525+0.17+0.3×2)m× (7+0.3×2)m×0.52 m	9.07	定额工程量
22		回填土	m³	9.07−1.87−1.87	5.33	
23		100厚级配碎石垫层	m³	0.44 m×0.1 m×(18.3+24.3)	1.87	CAD测量花坛长度
24		100厚C15混凝土垫层	m³	0.44 m×0.1 m×(18.3+24.3)	1.87	
25		混凝土垫层模板	m²	(0.44+18.3)m×2×0.1 m+ (0.44+24.3)m×2×0.1 m	8.70	
26		120厚M7.5水泥砂浆砌筑MU10砖	m³	(0.24×0.12+0.45×0.12)m²× 18.3 m+(0.24×0.12+0.3× 0.12)m²×24.3 m	3.09	
27		20厚1:2.5水泥砂浆贴25厚文化石	m²	(0.3+0.14)m×18.3 m+ (0.2+0.14)m×24.3 m	16.31	

续表

序号	分项	项目名称	计量单位	工程量表达式	工程量	备注
28	微景观	整理绿化用地	m²	CAD 测量	40.92	
29		佛甲草	m²	CAD 测量	40.92	
30	园路	挖路槽土方	m³	39.08 m²×0.1 m	3.91	CAD 测量面积
31		素土夯实	m²	39.08	39.08	
32		50厚C20混凝土垫层	m³	39.08 m²×0.05 m	1.95	
33		垫层模板	m²	(10.26+5.23+25.22+12.08)m ×2×0.05 m	5.28	CAD 测量长度
34		50厚直径为15~20的黑色砾石	m²	39.08	39.08	CAD 测量
35		3×50不锈钢通长路牙	m	10.26+25.22−3.09−13.98+5.23+12.08	35.72	CAD 测量长度

表 2-41 廊架工程量计算表

序号	分项	名称	单位	计算公式	工程量	备注
1	园路	挖路槽	m³	98.55 m²×(0.1+0.1+0.03+0.018)m	24.44	垫层、结合层、面层厚度等相加
2		素土夯实	m²	98.55	98.55	CAD 测算面积
3		100厚级配碎石垫层	m³	98.55 m²×0.1 m	9.86	
4		100厚C15混凝土垫层	m³	98.55 m²×0.1 m	9.86	
5		垫层模板	m²	82.98 m×0.1 m	8.30	CAD 测算垫层底面周长
6		600×300×18仿芝麻灰PC砖	m²	98.55	98.55	
7		20~30黑色鹅卵石(散置)	m²	(4.8×3+2.4+4.8×2+1.2×3+4.2×9)m×0.05 m	3.39	

续表

序号	分项	名称	单位	计算公式	工程量	备注
8	廊架	挖基坑土方	m³	(1.2＋0.1×2＋0.3×2)m×(1.2＋0.1×2＋0.3×2)m×1.2 m×4×2	38.4	100 mm 厚垫层
9		回填土	m³	38.4－1.57	36.83	
10		C15混凝土垫层	m³	1.4 m×1.4 m×0.1 m×4×2	1.57	
11		垫层模板	m²	1.4 m×4×0.1 m×4×2	4.48	4根柱子,2个廊架
12		C25钢筋混凝土基础	m³	(1.2 m×1.2 m×0.3 m＋0.5 m×0.5 m×0.4 m)×4×2	4.26	混凝土型号另见设计说明
13		基础模板	m²	1.2 m×4×0.3 m＋0.5 m×4×0.4 m×4×2	7.84	
14		直径为16的Ⅲ级钢筋	t	{1.2×[(1.2－0.075×2)/0.15]×2＋0.7×8＋(0.7－0.04＋0.15)×4}m×1.58 kg/m/1 000×4×2	0.324	弯钩长度为150 mm,保护层厚度为40 mm
15		直径为8的Ⅰ级钢筋	t	{[(0.5－0.04×2)×8＋0.5/3×4＋11.9×0.008×6]×[(0.7－0.04－0.1)/0.1＋1]}m×0.395 kg/m/1 000×4×2	0.096	
16		10厚钢肋板	t	(0.3×0.3×0.01＋0.015×8×0.01)m³×7.85 kg/m³/1 000×4×2	0.000 1	CAD测量面积
17		直径为12的Ⅲ级钢筋	t	(0.4＋15×0.008)m×9×0.888 kg/m/1 000×4×2	0.033	弯钩15d
18		100×150×8厚镀锌方通	t	[2×8×(150－8＋100－8)×0.007 85]kg/m×[(3＋0.217)×4＋(3.05－0.3)×2]m/1 000×2	1.080	钢管埋深0.217 m

续表

序号	分项	名称	单位	计算公式	工程量	备注
19		100×150×8厚镀锌方通，面喷深灰色氟碳漆	m²	(0.1+0.15)m×2×[(3+0.217)×4+(3.05−0.3)×2]m	9.18	
20		50×50×1.5厚方通	t	31×3 m×[4×1.5×(50−1.5)×0.007 85]kg/m/1 000×2	0.425	顶上31根
21		50×50×1.5厚方通，电镀木纹漆	m²	0.05 m×4×3 m×31×2	37.2	
22		50×30×1.5厚矩形方通	t	38×2×3 m×[2×1.5×(50−1.5+30−1.5)×0.007 85]kg/m/1 000×2	0.827	
23		50×30×1.5厚矩形方通，电镀木纹漆	m²	(0.05+0.03)m×2×3 m×38×2×2	72.96	
24	座椅	M7.5水泥砂浆砌筑MU10砖座椅	m³	0.415 m×0.33 m×2.75 m×2	0.75	CAD测量数据
25		80厚C20混凝土	m³	0.415 m×0.08 m×2.75 m×2	0.18	
26		混凝土模板	m²	(0.415+2.75)m×2×0.08 m	0.51	
27		20厚1:2.5水泥砂浆	m²	(2.75 m×0.35 m+0.415 m×0.41 m×2)×2	2.61	
28		面喷真石漆	m²	(2.75 m×0.35 m+0.415 m×0.41 m×2)×2	2.61	
29		100×50厚山樟木，栗色，留缝5宽	m³	2.75 m×4×0.1 m×0.05 m+0.03 m×0.05 m×2.75 m×2	0.06	座椅面层剖面部分数据由CAD测量
30		50×50×2厚方通	t	(2.75×3+0.395×5)m×2×[4×(50−2)×0.007 85]kg/m/1 000×2	0.062	做法另见设计说明

表2-42 景墙清单工程量

序号	分项	名称	单位	计算公式	工程量	备注
1	景墙	挖沟槽土方	m³	1.44 m×1.2 m×6 m	10.37	清单工程量

续表

序号	分项	名称	单位	计算公式	工程量	备注
2		回填土	m³	10.37−0.86−0.74−1.87−0.56−(6−2.1)m×0.24 m×0.7 m	5.68	
3		100厚级配碎石垫层	m³	1.44 m×0.1 m×6 m	0.86	
4		100厚C15混凝土垫层	m³	1.24 m×0.1 m×6 m	0.74	
5		混凝土垫层模板	m²	(1.24+6)m×2×0.1 m	1.45	
6		300厚C25钢筋混凝土基础	m³	1.04 m×0.3 m×6 m	1.87	
7		基础模板	m²	(1.04+6)m×2×0.3 m	4.22	
8		C25钢筋混凝土墙	m³	(6−2.1)m×(2+0.7)m×0.24 m	2.53	
9		墙模板	m²	(6−2.1)m×(2+0.7)m×2	21.06	
10		M7.5水泥砂浆砌筑MU10砖基础	m³	(0.48×0.12+0.36×0.12+0.24×0.7)m²×2.1 m	0.56	
11		M7.5水泥砂浆砌筑MU10砖墙	m³	(2−0.24)m×2.1 m×0.24 m	0.89	
12		20厚1:2.5水泥砂浆贴25厚文化石	m²	(2+0.1)m×2.1 m+3.9 m×0.4 m+2.1 m×6 m+0.34 m×6 m	20.61	
13		240×240 C25钢筋混凝土圈梁	m³	0.24 m×0.24 m×2.1 m	0.12	
14		圈梁模板	m²	(2.1+0.24)m×2×0.24 m	1.12	

续表

序号	分项	名称	单位	计算公式	工程量	备注
15		耐候钢下面支撑部分现浇细石混凝土	m³	0.32 m×0.15 m×(6−2.1)m	0.19	
16		支撑构件模板	m²	(0.32+6−2.1)m×2×0.15 m	1.27	
17		景墙内直径为12的Ⅲ级钢筋，间距为200，双层双向布置	t	{(6−2.1)×(2.7/0.2+1)×2+2.7×[(6−2.1)/2+1]×2}m×0.888 kg/m/1 000	0.11	
18		圈梁内4根直径为12的Ⅲ级钢筋	t	2.1 m×4×0.888 kg/m/1 000	0.01	
19		直径为8的Ⅲ级钢筋	t	{[(0.24−0.02×2)×4+2×11.9]×(2.1/0.15+1)×0.008}m×0.395 kg/m/1 000	0.001	
20		10厚耐候钢	m²	4.9 m×1.3 m	6.37	
21	花坛	挖基坑土方	m³	(1.525+0.17)m×7 m×0.52 m	6.17	清单工程量
22		回填土	m³	6.17−1.87−1.87	2.43	
23		100厚级配碎石垫层	m³	0.44 m×0.1 m×(18.3+24.3)m	1.87	
24		100厚C15混凝土垫层	m³	0.44 m×0.1 m×(18.3+24.3)m	1.87	
25		混凝土垫层模板	m²	(0.44+18.3)m×2×0.1 m+(0.44+24.3)m×2×0.1 m	8.70	
26		120厚M7.5水泥砂浆砌筑MU10砖	m³	(0.24×0.12+0.45×0.12)m²×18.3 m+(0.24×0.12+0.3×0.12)m²×24.3 m	3.09	
27		20厚1:2.5水泥砂浆贴25厚文化石	m²	(0.3+0.14)m×18.3 m+(0.2+0.14)m×24.3 m	16.31	

续表

序号	分项	名称	单位	计算公式	工程量	备注
28	微景观	整理绿化用地	m^2	40.92	40.92	CAD 测量
29		佛甲草	m^2	40.92	40.92	CAD 测量
30	园路	挖路槽土方	m^3	39.08 m^2×0.1 m	3.91	
31		素土夯实	m^2	39.08	39.08	
32		50 厚 C20 混凝土垫层	m^3	39.08 m^2×0.05 m	1.95	
33		垫层模板	m^2	(10.26＋5.23＋25.22＋12.08)m ×2×0.05 m	5.28	CAD 测量长度
34		50 厚直径为 15~20 的黑色砾石	m^2	39.08	39.08	CAD 测量
35		3×50 不锈钢通长路牙	m	10.26＋25.22－3.09－13.98＋5.23＋12.08	35.72	CAD 测量长度

表 2-43　廊架清单工程量

序号	分项	名称	单位	计算公式	工程量	备注
1	园路	挖路槽	m^3	98.55 m^2×(0.1＋0.1＋0.03＋0.018)m	24.44	垫层、结合层、面层厚度等相加
2		素土夯实	m^2	98.55	98.55	CAD 测算面积
3		100 厚级配碎石垫层	m^3	98.55 m^2×0.1 m	9.86	
4		100 厚 C15 混凝土垫层	m^3	98.55 m^2×0.1 m	9.86	
5		垫层模板	m^2	82.98 m×0.1 m	8.30	CAD 测算周长
6		600×300×18 仿芝麻灰 PC 砖	m^2	98.55	98.55	
7		20~30 黑色鹅卵石（散置）	m^2	(4.8×3＋2.4×4.8×2＋1.2×3＋4.2×9)m×0.05 m	3.39	

续表

序号	分项	名称	单位	计算公式	工程量	备注
8	廊架	挖基坑土方	m³	(1.2+0.1×2)m×(1.2+0.1×2)m×1.2 m×4×2	18.82	清单工程量
9		回填土	m³	18.82－1.57	17.25	
10		C15混凝土垫层	m³	1.4 m×1.4 m×0.1 m×4×2	1.57	
11		垫层模板	m²	1.4 m×4×0.1 m×4×2	4.48	4根柱子,2个廊架
12		C25钢筋混凝土基础	m³	(1.2 m×1.2 m×0.3 m+0.5 m×0.5 m×0.4 m)×4×2	4.26	混凝土型号另见设计说明
13		基础模板	m²	1.2 m×4×0.3 m+0.5 m×4×0.4 m×4×2	7.84	
14		直径为16的Ⅲ级钢筋	t	{1.2×[(1.2－0.075×2)/0.15]×2+0.7×8+(0.7－0.04+0.15)×4}m×1.58 kg/m/1 000×4×2	0.324	弯钩长度为150 mm,保护层厚度为40 mm
15		直径为8的Ⅰ级钢筋	t	{[(0.5－0.04×2)×8+0.5/3×4+11.9×0.008×6]×[(0.7－0.04－0.1)/0.1+1]}m×0.395 kg/m/1 000×4×2	0.096	
16		10厚钢肋板	t	(0.3×0.3×0.01+0.015×8×0.01)m³×7.85 kg/m³/1 000×4×2	0.000 1	CAD测量面积
17		直径为12的Ⅲ级钢筋	t	(0.4+15×0.008)m×9×0.888 kg/m/1 000×4×2	0.033	弯钩15d
18		100×150×8厚镀锌方通	t	[2×8×(150－8+100－8)×0.007 85]kg/m×[(3+0.217)×4+(3.05－0.3)×2]m/1 000×2	1.080	钢管埋深0.217 m

续表

序号	分项	名称	单位	计算公式	工程量	备注
19		100×150×8厚镀锌方通，面喷深灰色氟碳漆	m²	(0.1+0.15)m×2×[(3+0.217)×4+(3.05−0.3)×2]m	9.18	
20		50×50×1.5厚方通	t	31×3 m×[4×1.5×(50−1.5)×0.007 85]kg/m/1 000×2	0.425	顶上31根
21		50×50×1.5厚方通，电镀木纹漆	m²	0.05 m×4×3 m×31×2	37.2	
22		50×30×1.5厚矩形方通	t	38×2×3 m×[2×1.5×(50−1.5+30−1.5)×0.00 785]kg/m/1 000×2	0.827	
23		50×30×1.5厚矩形方通，电镀木纹漆	m²	(0.05+0.03)m×2×3 m×38×2×2	72.96	
24	座椅	M7.5水泥砂浆砌筑MU10砖座椅	m³	0.415 m×0.33 m×2.75 m×2	0.75	CAD测量数据
25		80厚C20混凝土	m³	0.415 m×0.08 m×2.75 m×2	0.18	
26		混凝土模板	m²	(0.415+2.75)m×2×0.08 m	0.51	
27		20厚1∶2.5水泥砂浆	m²	(2.75 m×0.35 m+0.415 m×0.41 m×2)×2	2.61	
28		面喷真石漆	m²	(2.75 m×0.35 m+0.415 m×0.41 m×2)×2	2.61	
29		100×50厚山樟木，栗色，留缝5宽	m³	2.75 m×4×0.1 m×0.05 m+0.03 m×0.05 m×2.75 m×2	0.06	座椅面层剖面部分数据由CAD测量
30		50×50×2厚方通	t	(2.75×3+0.395×5)m×2×[4×(50−2)×0.007 85]kg/m/1 000×2	0.062	做法另见设计说明

四、列出工程量清单与计价表

列出工程量清单与计价表,见表2-44和表2-45。

表2-44 景墙工程量清单与计价表

工程名称:××校园景观工程

序号	项目编码	项目名称	项目特征描述	计量单位	工程量	金额/元		
						综合单价	合价	其中暂估价
		景墙						
1	040101002001	挖沟槽土方	1.土壤类别:一二类土(另见设计说明) 2.挖土深度:1.2 m 3.满足图纸及设计相关要求	m³	10.37			
2	040103001001	回填方	1.填方材料品种:原土回填(另见设计说明) 2.填方粒径要求:夯实 3.满足图纸及设计相关要求	m³	5.68			
3	010404001001	垫层	1.垫层材料种类、配合比、厚度:100厚级配碎石垫层 2.满足图纸及设计相关要求	m³	0.86			
4	010501001001	垫层	1.混凝土种类:C15混凝土垫层 2.满足图纸及设计相关要求	m³	0.74			
5	010501002001	带形基础	1.混凝土种类:C25钢筋混凝土 2.满足图纸及设计相关要求	m³	1.87			
6	010504001001	直形墙	1.混凝土种类:C25钢筋混凝土 2.满足图纸及设计相关要求	m³	2.53			

续表

序号	项目编码	项目名称	项目特征描述	计量单位	工程量	金额/元		
						综合单价	合价	其中暂估价
7	010401001001	砖基础	1.砖品种、规格、强度等级：MU10 砖 2.砂浆强度等级、配合比：M7.5 水泥砂浆 3.满足图纸及设计相关要求	m³	0.56			
8	010401003001	实心砖墙	1.砖品种、规格、强度等级：MU10 砖 2.墙体类型:240 厚 3.砂浆强度等级、配合比：M7.5 水泥砂浆 4.满足图纸及设计相关要求	m³	0.89			
9	011204001001	石材墙面	1.墙体类型:入口景墙 2.面层材料品种、规格、颜色:20 厚 1:2.5 水泥砂浆贴 25 厚文化石 3.满足图纸及设计相关要求	m²	20.61			
10	010503004001	圈梁	1.混凝土种类:240×240 C25 钢筋混凝土 2.满足图纸及设计相关要求	m³	0.12			
11	010507007001	其他构件	1.部位:耐候钢下面支撑部分 2.混凝土种类:现浇细石混凝土 3.构件类型:胶合板模板木支撑（另见设计说明） 4.满足图纸及设计相关要求	m³	0.19			

续表

序号	项目编码	项目名称	项目特征描述	计量单位	工程量	金额/元		
						综合单价	合价	其中暂估价
12	010515001001	现浇构件钢筋	1.钢筋种类、规格:直径为12的Ⅲ级钢筋,间距为200,双层双向布置 2.满足图纸及设计相关要求	t	0.11			
13	01B001	耐候钢景墙	1.10厚耐候钢 2.镂空字体,背面放置LED灯 3.满足图纸及设计相关要求	m^2	6.37			
		花坛						
14	010101004001	挖基坑土方	满足图纸及设计相关要求	m^3	6.17			
15	040103001002	回填方	1.填方材料品种:原土回填(另见设计说明) 2.填方粒径要求:夯实 3.满足图纸及设计相关要求	m^3	2.43			
16	010404001002	垫层	1.垫层材料种类、配合比、厚度:100厚级配碎石垫层 2.满足图纸及设计相关要求	m^3	1.87			
17	010501001002	垫层	1.混凝土种类:C15混凝土垫层 2.满足图纸及设计相关要求	m^3	1.87			
18	010401003002	实心砖墙	1.砖品种、规格、强度等级:MU10砖 2.墙体类型:120厚 3.砂浆强度等级、配合比:M7.5水泥砂浆 4.满足图纸及设计相关要求	m^3	3.09			

续表

序号	项目编码	项目名称	项目特征描述	计量单位	工程量	金额/元		
						综合单价	合价	其中暂估价
19	011204001002	石材墙面	1.面层材料品种、规格、颜色:20厚1:2.5水泥砂浆贴25厚文化石 2.满足图纸及设计相关要求	m²	16.31			
		微景观						
20	050101010001	整理绿化用地	1.回填土质要求:投标方自行考虑 2.取土运距:投标方自行考虑 3.回填厚度:投标方自行考虑 4.弃渣运距:投标方自行考虑	m²	40.92			
21	050102007001	栽植色带	1.种类:佛甲草,满种不露黄土 2.养护期:成活养护3个月,保存养护9个月(另见设计说明)	m²	40.92			
22	050201001001	园路	1.路床土石类别:三类土(另见设计说明) 2.垫层厚度、宽度、材料种类:50厚C25混凝土垫层 3.路面厚度、宽度、材料种类:50厚直径为15~20的黑色砾石 4.满足图纸及设计相关要求	m²	39.08			
23	050201003001	路牙铺设	路牙材料种类、规格:3×50不锈钢通长	m	35.72			

表 2-45 廊架工程量清单与计价表

工程名称:××校园景观工程

序号	项目编码	项目名称	项目特征描述	计量单位	工程量	金额/元		
						综合单价	合价	其中暂估价
		廊架						
1	050201001001	园路	1.路床土石类别:三类土(另见设计说明) 2.垫层厚度、宽度、材料种类:100厚级配碎石垫层,100厚C15混凝土垫层 3.路面厚度、宽度、材料种类:600×300×18厚仿芝麻灰PC砖,20~30黑色鹅卵石(散置) 4.其他:其他未尽事宜详图纸设计,包含但不限于满足图纸设计及验收规范的必要工序	m²	98.55			
2	010101004001	挖基坑土方	1.土壤类别:三类土 2.挖土深度:1.1 m 3.其他:其他未尽事宜详图纸设计,包含但不限于满足图纸设计及验收规范的必要工序	m³	18.82			
3	040103001001	回填方	1.填方材料品种:原土回填(另见设计说明) 2.填方粒径要求:夯实 3.其他:其他未尽事宜详图纸设计,包含但不限于满足图纸设计及验收规范的必要工序	m³	17.25			

续表

序号	项目编码	项目名称	项目特征描述	计量单位	工程量	综合单价	合价	其中暂估价
4	010501001001	垫层	1. 混凝土种类：C15 混凝土垫层 2. 其他：其他未尽事宜详图纸设计，包含但不限于满足图纸设计及验收规范的必要工序	m³	1.57			
5	010501003001	独立基础	1. 混凝土种类：C25 钢筋混凝土 2. 模板种类：木模板 3. 其他：其他未尽事宜详图纸设计，包含但不限于满足图纸设计及验收规范的必要工序	m³	4.26			
6	010515001001	现浇构件钢筋	1. 钢筋种类、规格：直径为 12 的Ⅲ级钢筋 2. 其他：其他未尽事宜详图纸设计，包含但不限于满足图纸设计及验收规范的必要工序	t	0.033			
7	010515001002	现浇构件钢筋	1. 钢筋种类、规格：直径为 16 的Ⅲ级钢筋 2. 其他：其他未尽事宜详图纸设计，包含但不限于满足图纸设计及验收规范的必要工序	t	0.324			
8	010515001003	现浇构件钢筋	1. 钢筋种类、规格：直径为 8 的Ⅰ级钢筋 2. 其他：其他未尽事宜详图纸设计，包含但不限于满足图纸设计及验收规范的必要工序	t	0.096			

续表

序号	项目编码	项目名称	项目特征描述	计量单位	工程量	金额/元		
						综合单价	合价	其中暂估价
9	010516002001	预埋铁件	1. 钢材种类:10厚钢肋板 2. 其他:其他未尽事宜详图纸设计,包含但不限于满足图纸设计及验收规范的必要工序	t	0.000 1			
10	010606013001	零星钢构件	1. 钢材品种、规格:100×150×8厚镀锌方通,面喷深灰色氟碳漆 2. 其他:其他未尽事宜详图纸设计,包含但不限于满足图纸设计及验收规范的必要工序	t	1.080			
11	010606013002	零星钢构件	1. 钢材品种、规格:50×50×1.5厚方通,50×30×1.5厚矩形方通,电镀木纹漆 2. 其他:其他未尽事宜详图纸设计,包含但不限于满足图纸设计及验收规范的必要工序	t	1.252			
12	010401012001	零星砌砖	1. 零星砌砖名称、部位:座椅 2. 砖品种、规格、强度等级:MU10 3. 砂浆强度等级、配合比:M7.5水泥砂浆 4. 其他:其他未尽事宜详图纸设计,包含但不限于满足图纸设计及验收规范的必要工序	m³	0.75			
13	010507005001	扶手、压顶	1. 混凝土种类:80厚C20混凝土 2. 其他:其他未尽事宜详图纸设计,包含但不限于满足图纸设计及验收规范的必要工序	m³	0.18			

续表

序号	项目编码	项目名称	项目特征描述	计量单位	工程量	综合单价	合价	其中暂估价
						金额/元		
14	011203001001	零星项目一般抹灰	1.面层厚度、砂浆配合比：20厚1:2.5水泥砂浆 2.其他：其他未尽事宜详图纸设计,包含但不限于满足图纸设计及验收规范的必要工序	m²	2.61			
15	011406001001	抹灰面油漆	1.油漆品种:面喷真石漆 2.其他：其他未尽事宜详图纸设计,包含但不限于满足图纸设计及验收规范的必要工序	m²	2.61			
16	05B001	木座椅	1.100×50厚山樟木,栗色,留缝5宽 2.其他：其他未尽事宜详图纸设计,包含但不限于满足图纸设计及验收规范的必要工序	m³	0.06			
17	010606013003	零星钢构件	1.钢材品种、规格:50×50×2厚方通 2.其他：其他未尽事宜详图纸设计,包含但不限于满足图纸设计及验收规范的必要工序	t	0.062			

任务考核

任务考核表见表2-46。

表2-46 任务考核表6

序号	考核内容	考核标准	配分	考核记录	得分
1	分部分项列项	分部分项划分正确、全面	25		
2	工程量表达式	计算式正确	25		
3	计算步骤	计算步骤正确	25		
4	计算结果	计算结果正确	25		
		合计	100		

复习提高

由专任教师提供包含园林绿化、园路、园桥、景观等内容的工程施工图,要求学生列出分项工程,计算定额工程量和清单工程量。

项目三　园林工程清单计价

一、工程量清单计价的概念

工程量清单计价模式是招标人按照国家颁发的工程量清单计价规范、相应专业工程工程量计算规范规定表格的格式,由投标人依据企业自身的条件和市场价格对工程量清单进行自主报价的工程造价计价模式。工程量清单计价模式是国际通行的计价方法。

二、工程量清单计价规范与计算规范概述

《建设工程工程量清单计价规范》(GB 50500—2013)以及《园林绿化工程工程量计算规范》(GB 50858—2013)专业计算规范已于2013年7月1日正式实施。

《建设工程工程量清单计价规范》(GB 50500—2013)包括总则、术语、一般规定、工程量清单编制、招标控制价、投标报价、合同价款约定、工程计量、合同价款调整、合同价款期中支付、竣工结算与支付、合同解除的价款结算与支付、合同价款争议的解决、工程造价鉴定、工程计价资料与档案、工程计价表格及附录等。

《园林绿化工程工程量计算规范》(GB 50858—2013)包括总则、术语、工程计量、工程量清单编制、规范用词说明、条文说明以及附录等。规范中的黑体字标志的条文为强制性条文,非黑体字标志的条文为非强制性条文。

三、工程量清单计价的适用范围

工程量清单计价适用于建设工程发承包及其实施阶段的计价活动。使用国有资金投资的建设工程发承包,必须采用工程量清单计价;非国有资金投资的建设工程,宜采用工程量清单计价。不采用工程量清单计价的建设工程,应执行计价规范中除工程量清单等专门性规定的其他规定。

使用国有资金投资的项目包括国有资金投资的工程建设项目和国家融资投资的工程建设项目。

1. 国有资金投资的工程建设项目

国有资金投资的工程建设项目包括:
(1)使用各级财政预算资金的项目;
(2)使用纳入财政管理的各种政府性专项建设基金的项目;
(3)使用国有企业事业单位自有资金,并且国有资产投资者实际拥有控制权的项目。

2. 国家融资投资的工程建设项目

国家融资投资的工程建设项目包括:
(1)使用国家发行债券所筹资金的项目;
(2)使用国家对外借款或者担保所筹资金的项目;

(3) 使用国家政策性贷款的项目;
(4) 国家授权投资主体融资的项目;
(5) 国家特许的融资项目。

其中国有资金(含国家融资资金)投资为主的工程建设项目是指国有资金占投资总额50%以上,或虽不足50%但国有投资者实质上拥有控股权的工程建设项目。

四、工程量清单计价的作用

1. 提供一个平等的竞争条件

采用施工图预算来投标报价,由于涉及图纸的缺陷,不同施工企业的人员理解不一,计算出的工程量也不同,报价就相去甚远,也容易产生纠纷。工程量清单报价就为投标者创造了一个平等竞争的条件,工程量相同,由企业根据自身的实力来填报不同的单价。投标人的这种自主报价,使得企业的优势体现到投标报价中,可在一定程度上规范建筑市场秩序,确保工程质量。

2. 满足市场经济条件下竞争的需要

招标投标过程就是竞争的过程,招标人提供工程量清单,投标人根据自身情况确定综合单价,利用单价与工程量逐项计算合价,再分别填入工程量清单与计价表内,计算出投标总价。单价成了决定性的因素,定高了不能中标,定低了又要承担过大的风险。单价的高低直接取决于企业管理水平和技术水平的高低,这种局面促成了企业整体实力的竞争,有利于我国建设市场的快速发展。

3. 有利于提高工程计价效率,能真正实现快速报价

采用工程量清单计价方式,避免了传统计价方式下招标人与投标人在工程量计算上的重复工作,各投标人以招标人提供的工程量清单为统一平台,结合自身的管理水平和施工方案进行报价,促进了各投标人企业定额的完善和工程造价信息的积累和整理,体现了现代工程建设中快速报价的要求。

4. 有利于工程款的拨付和工程造价的最终结算

中标后,业主要与中标单位签订施工合同,中标价就是确定合同价的基础,投标清单上的综合单价就成了拨付工程款的依据。业主根据施工企业完成的工程量,可以很容易地确定进度款的拨付额。工程竣工后,根据设计变更、工程量增减等,业主也很容易确定工程的最终造价,因此可在某种程度上减少业主与施工单位之间的纠纷。

5. 有利于业主对投资的控制

采用现在的施工图预算形式,业主对因设计变更、工程量的增减所引起的工程造价变化不敏感,往往等到竣工结算时才知道这些变更对项目投资的影响有多大,但此时常常是为时已晚;而采用工程量清单报价的方式,业主则可对投资变化一目了然,在欲进行设计变更时,能马上知道它对工程造价的影响,进而根据投资情况来决定是否变更或进行方案比较,以决定最恰当的处理方式。

五、工程量清单计价的基本方法与程序

工程量清单计价的基本过程可以描述为:在统一的工程量清单项目设置的基础上,制定

工程量清单计量规则,根据具体工程的施工图纸计算出各个清单项目的工程量,再根据各种渠道所获得的工程造价信息和经验数据计算得到工程造价。这一基本的计算过程如图3-1所示。

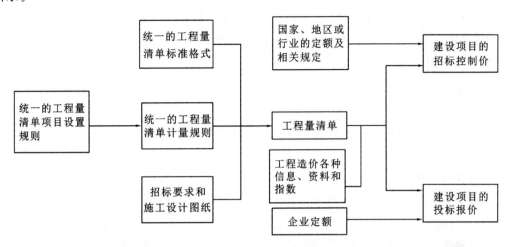

图3-1 工程量清单计价过程示意

六、工程量清单计价方法与定额计价方法的区别

工程量清单计价方法与定额计价方法相比有一些重大区别,这些区别也体现出了工程量清单计价方法的特点。

1. 两种模式体现了我国建设市场发展过程中的不同定价阶段

我国建筑产品价格市场化经历了"国家定价—国家指导价—国家调控价"三个阶段。定额计价是以概预算定额、各种费用定额为基础依据,按照规定的计算程序确定工程造价的特殊计价方法。因此,利用工程建设定额计算工程造价就价格形成而言,介于国家定价和国家指导价之间。在工程定额计价模式下,工程价格或直接由国家决定,或是由国家给出一定的指导性标准,承包商可以在该标准的允许幅度内实现有限竞争。例如,我国的招投标制度一度严格限定投标人的报价(必须在限定标底的一定范围内波动,超出此范围即为废标),这一阶段的工程招标投标价格即属于国家指导性价格,体现出在国家宏观计划控制下市场的有限竞争。

工程量清单计价模式则反映了市场定价阶段。在该阶段中,工程价格是在国家有关部门间接调控和监督下,由工程承包发包双方根据工程市场中建筑产品供求关系变化自主确定的。其价格的形成可以不受国家工程造价管理部门的直接干预,而此时的工程造价是根据市场的具体情况而定的,有竞争形成、自发波动和自发调节的特点。

2. 主要计价依据及其性质不同

工程定额计价模式的主要计价依据为国家、省、有关专业部门制定的各种定额,其性质为指导性,定额的项目划分一般按施工工序而定,每个分项工程所含的工程内容一般是单一的。

工程量清单计价模式的主要计价依据为清单计价规范,其性质是含有强制性条文的国家标准,清单的项目划分一般是按综合实体而定,每个分项工程一般包含多项工程内容。

3. 编制工程量的主体不同

在定额计价方法中,建设工程的工程量由招标人和投标人分别按图计算;而在清单计价方法中,工程量由招标人统一计算或委托有工程造价咨询相关资质的单位统一计算,工程量清单是招标文件的重要组成部分,各投标人根据招标人提供的工程量清单,根据自身的技术装备、施工经验、企业成本、企业定额、管理水平自主填写单价与合价。

4. 单价与报价的组成不同

定额计价法的单价包括人工费、材料费、机械台班费;而清单计价方法采用综合单价形式,综合单价包括人工费、材料费、机械使用费、管理费、利润,并考虑风险因素。工程量清单计价法的报价除包括定额计价法的报价外,还包括预留金、材料购置费和零星工作项目费等。

5. 适用阶段不同

从我国现状来看,工程定额主要用于在项目建设前期各阶段对于建设投资进行预测和估计,在工程建设交易阶段,工程定额通常只能作为建设产品价格形成的辅助依据;而工程量清单计价依据主要适用于合同价格形成以后及后续的合同价格管理阶段。这体现出我国对工程造价采用了不同的管理方法。

6. 合同价格的调整方式不同

定额计价方法形成的合同价格,其主要调整方式有变更签证、定额解释、政策性调整。采用工程量清单计价方法在一般情况下单价是相对固定的,减少了在合同实施过程中的调整幅度。通常情况下,如果清单项目的数量没有增减,能够保证合同价格基本没有调整,这样就保证了其稳定性,也便于业主进行资金准备和筹划。

7. 工程量清单计价把施工措施性消耗单列并纳入了竞争的范畴

定额计价未区分施工实体性消耗和施工措施性消耗,而工程量清单计价把施工措施与工程实体项目进行了分离,这项改革的意义在于突出了施工措施费用的市场竞争性。工程量清单计价规范的工程量计算一般是以工程实体的净尺寸计算的,也没有包含工程量合理损耗,这一特点也是定额计价的工程量计算规则与工程量清单计价规范的工程量计算规则的本质区别。

技能要求

- 能够运用工程量清单计价方式进行园林绿化工程工程量清单计价
- 能够运用工程量清单计价方式进行园路工程工程量清单计价
- 能够运用工程量清单计价方式进行园林景观工程工程量清单计价

知识要求

- 熟悉园林工程预算编制的依据和原则
- 掌握园林工程工程量清单计价的程序和内容
- 掌握园林工程工程量清单计价组价方法

任务1　园林绿化工程清单计价

能力目标

1. 能快速准确地对园林绿化工程进行组价；
2. 能准确计算园林绿化工程的综合单价。

知识目标

1. 了解园林绿化工程清单计价规范；
2. 掌握园林绿化工程清单计价要点与应用方法。

基本知识

一、园林绿化工程计价步骤

(1)根据计量规范编制工程量清单。
(2)根据项目名称、项目特征和工作内容确定定额子目。
(3)修改工程量。
(4)根据项目特征和工作内容确定系数换算。
(5)根据定额子目和有关费用取费标准计算综合单价，形成综合单价分析表。

二、园林绿化工程计价实例

以下实例中采用广联达计价软件进行清单计价。

【例3-1】　表3-1为某校园景观工程苗木表，绿地面积为10 000 m²，要求成活养护3个月，保存养护9个月。试组价。

表3-1　某校园景观工程苗木表

序号	名　称	规　格	数量	市场价/(元/株)	备　注
1	银杏	胸径10 cm	20株	600	
2	广玉兰	胸径15 cm	10株	2 000	
3	碧桃	地径10 cm	10株	1 000	按灌木计价
4	红叶石楠	高50 cm	30株	5.5	按灌木计价
5	法国冬青绿篱	高150 cm	50 m	19	单排绿篱,6株/m
6	南天竹	高40 cm	10 m²	3.2	36株/m²,为色带
7	美人蕉		80 m²	1.5	16株/m²,为花卉
8	草坪		150 m²	15 元/m²	冷地型草坪,早熟禾满铺

1）整理绿化用地

任何一个园林绿化工程，首先要计算绿地整理的费用，计价如图 3-2 所示。

图 3-2　整理绿化用地计价

2）乔木

银杏为落叶乔木，土球直径按胸径的 8 倍计算。

（1）编制工程量清单：列清单，描述项目特征，列工程量，见图 3-3。

图 3-3　银杏工程量清单

（2）套定额子目：根据项目名称、项目特征选择定额子目，补充主材，查询并填写苗木市场价，见图 3-4。

图 3-4　套定额子目（银杏）

（3）填写工程量：从上到下填写工程量，计价软件会根据定额单位自动调整工程量数值，见图 3-5。

图 3-5　填写并调整工程量（银杏）

（4）系数换算：根据项目特征描述进行定额子目的系数换算，见图 3-6。

图 3-6　定额子目的系数换算（银杏）

广玉兰为常绿乔木，土球直径按胸径的 9 倍计算。

(1)编制工程量清单:列清单,描述项目特征,列工程量,见图3-7。

编码	类别	名称	项目特征	单位	含量	工程量表达式	工程量
		整个项目					
050102001002	项	栽植乔木	1.种类:广玉兰 2.胸径或干径:15cm 3.养护期:成活养护3个月,保存养护9个月	株		10	10

图 3-7 广玉兰工程量清单

(2)套定额子目:根据项目名称、项目特征选择定额子目,补充主材,查询并填写苗木市场价,见图3-8。

编码	类别	名称	项目特征	单位	含量	工程量表达式	工程量	单价	合价	综合单价	综合合价
		整个项目									24153.3
050102001002	项	栽植乔木	1.种类:广玉兰 2.胸径或干径:15cm 3.养护期:成活养护3个月,保存养护9个月	株			10			2415.33	24153.3
E1-149	定	栽植乔木(带土球) 土球直径(cm以内)140		株	1	QDL	10	305.11	3051.1	2415.33	24153.3
CL17046360	主	乔木		株	1.05		10.5	2000	21000		
E1-368	定	常绿乔木成活养护 胸径(cm以内)20		100株·月	0		0	924.73	0	948.58	0
E1-439	定	常绿乔木保存养护 胸径(cm以内)20		100株·年	0		0	6226.73	0	6387.36	0

图 3-8 套定额子目(广玉兰)

(3)填写工程量:从清单开始从上到下填写工程量,计价软件会根据定额单位自动调整工程量数值,见图3-9。

编码	类别	名称	项目特征	单位	含量	工程量表达式	工程量	单价	合价	综合单价	综合合价
		整个项目									24887
050102001002	项	栽植乔木	1.种类:广玉兰 2.胸径或干径:15cm 3.养护期:成活养护3个月,保存养护9个月	株			10			2488.7	24887
E1-149	定	栽植乔木(带土球) 土球直径(cm以内)140		株	1	QDL	10	305.11	3051.1	2415.33	24153.3
CL17046360	主	乔木		株	1.05		10.5	2000	21000		
E1-368	定	常绿乔木成活养护 胸径(cm以内)20		100株·月	0.01		0.1	924.73	92.47	948.58	94.86
E1-439	定	常绿乔木保存养护 胸径(cm以内)20		100株·年	0.01		0.1	6226.73	622.67	6387.36	638.74

图 3-9 填写并调整工程量(广玉兰)

(4)系数换算:根据项目特征描述进行定额子目的系数换算,见图3-10。

编码	类别	名称	项目特征	单位	含量	工程量表达式	工程量	单价	合价	综合单价	综合合价
		整个项目									24917
050102001002	项	栽植乔木	1.种类:广玉兰 2.胸径或干径:15cm 3.养护期:成活养护3个月,保存养护9个月	株			10			2491.7	24917
E1-149	定	栽植乔木(带土球) 土球直径(cm以内)140		株	1	QDL	10	305.11	3051.1	2415.33	24153.3
CL17046360	主	乔木		株	1.05		10.5	2000	21000		
E1-368 *3	换	常绿乔木成活养护 胸径(cm以内)20 单价*3		100株·月	0.01		0.1	2774.18	277.42	2845.73	284.57
E1-439 *0.75	换	常绿乔木保存养护 胸径(cm以内)20 单价*0.75		100株·年	0.01		0.1	4670.16	467.02	4790.63	479.06

图 3-10 定额子目的系数换算(广玉兰)

3)灌木

碧桃按灌木计价,土球直径按地径的7倍计算。
(1)编制工程量清单:列清单,描述项目特征,列工程量。
(2)套定额子目:根据项目名称、项目特征选择定额子目,查询并填写苗木市场价。
(3)填写工程量:从上到下填写工程量,计价软件会根据定额单位自动调整工程量数值。
(4)系数换算:根据项目特征描述进行定额子目的系数换算。
计价清单如图3-11所示。
红叶石楠按灌木计价,土球直径按冠丛高的1/4计算。
(1)编制工程量清单:列清单,描述项目特征,列工程量。

编码	类别	名称	项目特征	单位	含量	工程量表达式	工程量	单价	合价	综合单价	综合合价
		整个项目									11856.6
050102002001	项	栽植灌木	1.种类:碧桃 2.地径:10cm 3.养护期:成活养护3个月,保存养护9个月	株			10			1185.66	11856.6
E1-174	定	栽植灌木(带土球) 土球直径(cm以内)70		株	1	QDL	10	57	570	1078.84	10788.4
CL17024770#1	主	灌木		株	1.02		10.2	1000	10200		
E1-388 *3	换	落叶灌木成活养护 冠丛高(cm以内)250以外 单价*3		100株·月	0.01		0.1	1813.75	181.38	1858.98	185.9
E1-459 *0.75	换	落叶灌木保存养护 冠丛高(cm以内)250以外 单价*0.75		100株·年	0.01		0.1	8605.2	860.52	8823.17	882.3

图3-11 碧桃计价清单

(2)套定额子目:根据项目名称、项目特征选择定额子目,查询并填写苗木市场价。

(3)填写工程量:从上到下填写工程量,计价软件会根据定额单位自动调整工程量数值。

(4)系数换算:根据项目特征描述进行定额子目的系数换算。

计价清单见图3-12。

编码	类别	名称	项目特征	单位	含量	工程量表达式	工程量	单价	合价	综合单价	综合合价
		整个项目									666
050102002002	项	栽植灌木	1.种类:红叶石楠 2.冠丛高:50cm 3.养护期:成活养护3个月,保存养护9个月	株			30			22.2	666
E1-169	定	栽植灌木(带土球) 土球直径(cm以内)20		株	1	QDL	30	4.43	132.9	10.15	304.5
CL17024770	主	灌木		株	1.02		30.6	114	5814		
E1-377 *3	换	常绿灌木成活养护 冠丛高(cm以内)50 单价*3		100株·月	0.01		0.3	591.37	177.41	605.84	181.75
E1-448 *0.75	换	常绿灌木保存养护 冠丛高(cm以内)50 单价*0.75		100株·年	0.01		0.3	585.32	175.6	598.52	179.56

图3-12 红叶石楠计价清单

4)绿篱

(1)编制工程量清单:列清单,描述项目特征,列工程量,见图3-13。

编码	类别	名称	项目特征	单位	含量	工程量表达式	工程量
		整个项目					
050102005001	项	栽植绿篱	1.种类:法国冬青 2.篱高:150cm 3.单位长度株数:6株/m 4.养护期:成活养护3个月,保存养护9个月	m			50	50

图3-13 绿篱工程量清单

(2)套定额子目:根据项目名称、项目特征选择定额子目,查询并填写苗木市场价。

(3)填写工程量:从上到下填写工程量,计价软件会根据定额单位自动调整工程量数值。

(4)系数换算:根据项目特征描述进行定额子目的系数换算。

绿篱计价清单见图3-14。

编码	类别	名称	项目特征	单位	含量	工程量表达式	工程量	单价	合价	综合单价	综合合价
		整个项目									7920.5
050102005001	项	栽植绿篱	1.种类:法国冬青 2.篱高:150cm 3.单位长度株数:6株/m 4.养护期:成活养护3个月,保存养护9个月	m			50			158.41	7920.5
E1-201	定	栽植单排绿篱 单排篱高(cm以内)160		10m	0.1	QDL	5	251.87	1259.35	1421.1	7105.5
CL17039560	主	绿篱植物		株	10.2		51	114	5814		
E1-407 *3	换	单排绿篱成活养护 高度(cm以内)160 单价*3		100株·月	0.01		50	0.5	983.95	491.98	1008.61	504.31
E1-478 *0.75	换	单排绿篱保存养护 高度(cm以内)160 单价*0.75		100m·年	0.01		50	0.5	606.79	303.4	620.44	310.22

图3-14 绿篱计价清单

5)色带

(1)编制工程量清单:列清单,描述项目特征,列工程量。

(2)套定额子目:根据项目名称、项目特征选择定额子目,查询并填写苗木市场价。

(3)填写工程量:从上到下填写工程量,计价软件会根据定额单位自动调整工程量数值。
(4)系数换算:根据项目特征描述进行定额子目的系数换算。
南天竹计价清单见图3-15。

编码	类别	名称	项目特征	单位	含量	工程量表达式	工程量	单价	合价	综合单价	综合合价
		整个项目									1580.4
050102007001	项	栽植色带	1.苗木、花卉种类:南天竹 2.株高度:≥40cm 3.单位面积株数:36株/m^2 4.养护期:成活养护3个月,保存养护9个月	m^2		10	10			158.04	1580.4
E1-219	定	栽植花灌木等色块植物(普通花坛)(株以内)236		10m^2	0.1	QDL	1	153.22	153.22	1366.71	1366.71
CL17049150	主	色块植物		m^2	10.5		10.5	115.2	1209.6		
E1-418 *3	换	花灌木等色块植物成活养护 一般图案高度(cm以内)40 单价*3		100m^2·月	0.01	10	0.1	1300.27	130.03	1332.87	133.29
E1-489 *0.75	换	花灌木等色块植物保存养护 一般图案高度(cm以内)40 单价*0.75		100m^2·年	0.01	10	0.1	786.14	78.61	804.16	80.42

图3-15 南天竹计价清单

6)花卉
(1)编制工程量清单:列清单,描述项目特征,列工程量。
(2)套定额子目:根据项目名称、项目特征选择定额子目,查询并填写苗木市场价。
(3)填写工程量:从上到下填写工程量,计价软件会根据定额单位自动调整工程量数值。
(4)系数换算:根据项目特征描述进行定额子目的系数换算。
美人蕉计价清单见图3-16。

编码	类别	名称	项目特征	单位	含量	工程量表达式	工程量	单价	合价	综合单价	综合合价
		整个项目									7242.4
050102008001	项	栽植花卉	1.花卉种类:美人蕉 2.单位面积株数:16株/m^2 3.养护期:成活养护3个月,保存养护9个月	m^2		80	80			90.53	7242.4
E1-230	定	露地花卉栽植 图案花坛五色草一般		10m^2	0.1	QDL	8	412.34	3298.72	674.92	5399.36
CL17027380	主	花苗		m^2	10.5		84	24	2016		
E1-421 *3	换	露地花卉成活养护 单价*3		100m^2·月	0.01	80	0.8	1277.15	1021.72	1308.38	1046.7
E1-492 *0.75	换	露地花卉保存养护 单价*0.75		100m^2·年	0.01	80	0.8	974.63	779.7	995.55	796.44

图3-16 美人蕉计价清单

7)草坪
(1)编制工程量清单:列清单,描述项目特征,列工程量。
(2)套定额子目:根据项目名称、项目特征选择定额子目,查询并填写苗木市场价。
(3)填写工程量:从上到下填写工程量,计价软件会根据定额单位自动调整工程量数值。
(4)系数换算:根据项目特征描述进行定额子目的系数换算。
草坪计价清单见图3-17。

编码	类别	名称	项目特征	单位	含量	工程量表达式	工程量	单价	合价	综合单价	综合合价
		整个项目									6417
050102012001	项	铺种草皮	1.草皮种类:早熟禾 2.铺种方式:满铺 3.养护期:成活养护3个月,保存养护9个月	m^2		150	150			42.78	6417
E1-275	定	铺种草皮 满铺		10m^2	0.1	QDL	15	97.6	1464	265.01	3975.15
CL17006700-1	主	草皮		m^2	11		165	15	2475		
E1-432 *3	换	冷地型草坪成活养护 满铺 单价*3		100m^2·月	0.01	150	1.5	898.87	1348.31	921.12	1381.68
E1-503 *0.75	换	冷地型草坪保存养护 满铺 单价*0.75		100m^2·年	0.01	150	1.5	691.35	1037.03	706.83	1060.25

图3-17 草坪计价清单

以下两例主要为园林绿化工程措施项目计价。

【例3-2】 某校园景观工程,种植10株胸径为12 cm的银杏,需为树木设支撑。支撑材料为短树棍桩,采用四脚支撑方式。试为该措施项目计价。
(1)列清单。填写项目特征,填写工程量数值,见图3-18。

编码	类别	名称	项目特征	单位	含量	工程量表达式	工程量
		整个项目					
1	050403001001	项	树木支撑架	1.支撑类型、材质:树棍桩 2.支撑材料规格:短 3.单株支撑材料形式:四脚支撑	株		10	10

图 3-18 列清单

(2)套定额。根据项目特征描述套定额子目,见图 3-19。

编码	类别	名称	项目特征	单位	含量	工程量表达式	工程量
		整个项目					
1	050403001001	项	树木支撑架	1.支撑类型、材质:树棍桩 2.支撑材料规格:短 3.单株支撑材料形式:四脚支撑	株		10	10
	E4-14	定	园林绿化 树木支撑架 树棍桩短 四脚桩		株	0	QDL	0

图 3-19 套定额

(3)填写工程量。从上到下填写工程量数值,见图 3-20。

编码	类别	名称	项目特征	单位	含量	工程量表达式	工程量	单价	合价	综合单价	综合合价
		整个项目									288.4
1	050403001001	项	树木支撑架	1.支撑类型、材质:树棍桩 2.支撑材料规格:短 3.单株支撑材料形式:四脚支撑	株		10	10			28.84	288.4
	E4-14	定	园林绿化 树木支撑架 树棍桩短 四脚桩		株	0	10	10	28.66	286.6	28.84	288.4

图 3-20 填写工程量

(4)含量填写。当清单单位和定额单位不一致时,存在换算,将换算的数值填写在含量里(此处清单、定额单位一致,含量即为1)。最后计价清单见图 3-21。

编码	类别	名称	项目特征	单位	含量	工程量表达式	工程量	单价	合价	综合单价	综合合价
		整个项目									288.4
1	050403001001	项	树木支撑架	1.支撑类型、材质:树棍桩 2.支撑材料规格:短 3.单株支撑材料形式:四脚支撑	株		10	10			28.84	288.4
	E4-14	定	园林绿化 树木支撑架 树棍桩短 四脚桩		株	1	10	10	28.66	286.6	28.84	288.4

图 3-21 树木设支撑措施项目计价清单

【例 3-3】 某校园景观工程,种植 10 株胸径为 12 cm 的银杏,需草绳绕树干 1.5 m 高。试为该措施项目计价。

(1)列清单。填写项目特征,填写工程量数值,见图 3-22。

编码	类别	名称	项目特征	单位	含量	工程量表达式	工程量
		整个项目					
1	050403002001	项	草绳绕树干	1.胸径(干径):12 cm 2.草绳所绕树干高度:1.5m	株		10	10

图 3-22 列清单

(2)套定额。根据项目特征描述套定额子目,见图 3-23。

编码	类别	名称	项目特征	单位	含量	工程量表达式	工程量	单价	合价	综合单价	综合合价
		整个项目									0
1	050403002001	项	草绳绕树干	1.胸径(干径):12 cm 2.草绳所绕树干高度:1.5m	株		10	10			0	0
	E4-20	定	园林绿化 草绳绕树干 胸径(cm以内)15		m	0			8.19		8.3	

图 3-23 套定额

(3) 填写工程量。从上到下填写工程量数值，见图3-24。

图3-24 填写工程量

(4) 含量填写。当清单单位和定额单位不一致时，存在换算，将换算的数值填写在含量里(此处清单、定额单位不一致，含量为1.5)。最后计价清单见图3-25。

图3-25 草绳绕树干项目计价清单

学习任务

根据项目二任务1中的××庭院景观工程的绿化工程工程量清单，编制招标控制价。

任务分析

认真识读绿化工程设计说明、施工图纸及苗木表，掌握植物的规格及相关设计要求，完成招标控制价编制。

任务实施

(1) 准备工作。收集施工图纸、工程量清单等。
(2) 熟悉、图纸施工现场。
(3) 复核清单工程量及组价，见表3-2。

表3-2 绿化工程分部分项工程和单价措施项目清单与计价表

工程名称：××庭院景观工程

序号	项目编码	项目名称	项目特征描述	计量单位	工程量	金额/元		
						综合单价	合价	其中暂估价
		绿地整理						
1	050101010001	整理绿化用地	1.取土运距：投标单位自行考虑 2.回填厚度：按图纸要求 3.找平找坡要求：按图纸要求 4.弃渣运距：投标单位自行考虑	m²	55.95	3.85	215.41	

续表

序号	项目编码	项目名称	项目特征描述	计量单位	工程量	综合单价	合价	其中暂估价
2	050101009001	种植土回(换)填	1.回填土质要求:种植土 2.取土运距:投标单位自行考虑 3.回填厚度:按图纸要求	m^3	33.57	70.78	2 376.08	
		分部小计					2 591.49	
		乔木						
3	050102001001	栽植乔木	1.种类:鸡爪槭 2.胸径或干径:8～10 cm 3.株高:2.5～3.0 m 4.冠幅:2.0～2.5 m 5.分枝点:1.0～1.2 m 6.造型形式:树冠丰满自然形态 7.养护期:成活养护3个月,保存养护9个月	株	1	455.02	455.02	
4	050102001002	栽植乔木	1.种类:日本红枫 2.胸径或干径:10～12 cm 3.株高:2.5～3.0 m 4.冠幅:2.5～3.0 m 5.分枝点:1.5～1.8 m 6.造型形式:树冠丰满自然形态 7.养护期:成活养护3个月,保存养护9个月	株	1	3 284.95	3 284.95	
5	050102001003	栽植乔木	1.种类:西府海棠 2.地径:8～10 cm 3.株高:2.0～2.5 m 4.冠幅:1.8～2.2 m 5.分枝点:1.0～1.2 m 6.造型形式:树冠丰满自然形态 7.养护期:成活养护3个月,保存养护9个月	株	1	1 051.72	1 051.72	

续表

序号	项目编码	项目名称	项目特征描述	计量单位	工程量	金额/元 综合单价	合价	其中暂估价
6	050102001004	栽植乔木	1.种类:桂花 2.地径:6~8 cm 3.株高:1.2~1.5 m 4.冠幅:1.2~1.5 m 5.分枝点:0.4~0.6 m 6.造型形式:树冠丰满自然形态 7.养护期:成活养护3个月,保存养护9个月	株	1	331.18	331.18	
7	050102001005	栽植乔木	1.种类:花石榴 2.地径:6~8 cm 3.株高:1.2~1.5 m 4.冠幅:1.2~1.5 m 5.分枝点:0.6~0.8 m 6.造型形式:树冠丰满自然形态 7.养护期:成活养护3个月,保存养护9个月	株	1	276.69	276.69	
8	050102001006	栽植乔木	1.种类:造型罗汉松 2.株高:0.8~1.0 m 3.冠幅:0.8~1.0 m 4.造型形式:盆景造型 5.养护期:成活养护3个月,保存养护9个月	株	1	562.97	562.97	
		分部小计					5 962.53	
		灌木						
9	050102002001	栽植灌木	1.种类:红继木球 2.株高:1.0~1.2 m 3.冠幅:1.0~1.2 m 4.造型形式:修剪成球状 5.养护期:成活养护3个月,保存养护9个月	株	3	101.25	303.75	

续表

序号	项目编码	项目名称	项目特征描述	计量单位	工程量	综合单价	合价	其中暂估价
						金额/元		
10	050102002002	栽植灌木	1.种类:圆锥绣球 2.株高:0.5～0.6 m 3.冠幅:0.5～0.6 m 4.造型形式:自然形态 5.养护期:成活养护3个月,保存养护9个月	株	4	61.96	247.84	
11	050102002003	栽植灌木	1.种类:雀舌黄杨球 2.株高:1.0～1.2 m 3.冠幅:1.0～1.2 m 4.造型形式:修剪成球状 5.养护期:成活养护3个月,保存养护9个月	株	1	76.58	76.58	
12	050102002004	栽植灌木	1.种类:茶梅球 2.株高:0.6～0.8 m 3.冠幅:0.6～0.8 m 4.造型形式:修剪成球状 5.养护期:成活养护3个月,保存养护9个月	株	2	153.79	307.58	
13	050102002005	栽植灌木	1.种类:杜鹃 2.株高:0.5～0.6 m 3.冠幅:0.5～0.6 m 4.造型形式:自然形态 5.养护期:成活养护3个月,保存养护9个月	株	2	209.5	419	
14	050102002006	栽植灌木	1.种类:红叶石楠球 2.株高:1.0～1.2 m 3.冠幅:0.8～1.0 m 4.造型形式:修剪成球状 5.养护期:成活养护3个月,保存养护9个月	株	1	127.58	127.58	

续表

序号	项目编码	项目名称	项目特征描述	计量单位	工程量	金额/元		
						综合单价	合价	其中暂估价
15	050102002007	栽植灌木	1.种类:棣棠 2.株高:0.6~0.8 m 3.冠幅:0.6~0.8 m 4.枝条数:8~10 5.造型形式:自然形态 6.养护期:成活养护3个月,保存养护9个月	株	2	38.89	77.78	
16	050102002008	栽植灌木	1.种类:南天竹 2.株高:0.8~1.0 m 3.冠幅:0.8~1.0 m 4.枝条数:8~10 5.造型形式:自然形态 6.养护期:成活养护3个月,保存养护9个月	株	2	80.98	161.96	
17	050102002009	栽植灌木	1.种类:牡丹 2.株高:0.6~0.8 m 3.冠幅:0.6~0.8 m 4.造型形式:自然形态 5.养护期:成活养护3个月,保存养护9个月	株	2	51.79	103.58	
18	050102002010	栽植灌木	1.种类:凤尾丝兰 2.株高:0.5~0.6 m 3.冠幅:0.5~0.6 m 4.造型形式:自然形态 5.养护期:成活养护3个月,保存养护9个月	株	4	27.31	109.24	
		分部小计					1 934.89	
		绿篱、色带、草皮						

续表

序号	项目编码	项目名称	项目特征描述	计量单位	工程量	金额/元 综合单价	合价	其中暂估价
19	050102005001	栽植绿篱	1.苗木、花卉种类:金焰绣线菊 2.株高:0.4~0.5 m 3.冠幅:0.2~0.25 m 4.单位面积株数:36 5.养护期:成活养护3个月,保存养护9个月	m²	1.3	261.1	339.43	
20	050102007001	栽植色带	1.苗木、花卉种类:金边麦冬 2.规格:自然形态 3.单位面积株数:40 4.养护期:成活养护3个月,保存养护9个月	m²	4.4	163.08	717.55	
21	050102007002	栽植色带	1.苗木、花卉种类:美女樱 2.规格:自然形态 3.单位面积株数:25 4.养护期:成活养护3个月,保存养护9个月	m²	5.8	89.58	519.56	
22	050102007003	栽植色带	1.苗木、花卉种类:玉簪(白) 2.规格:自然形态 3.单位面积株数:25 4.养护期:成活养护3个月,保存养护9个月	m²	1.45	96.67	140.17	
23	050102007004	栽植色带	1.苗木、花卉种类:金边玉簪 2.规格:自然形态 3.单位面积株数:50 4.养护期:成活养护3个月,保存养护9个月	m²	2.05	132.63	271.89	

续表

序号	项目编码	项目名称	项目特征描述	计量单位	工程量	金额/元		
						综合单价	合价	其中暂估价
24	050102007005	栽植色带	1.苗木、花卉种类:彩叶草 2.规格:自然形态 3.单位面积株数:25 4.养护期:成活养护3个月,保存养护9个月	m²	1.9	60.72	115.37	
25	050102007006	栽植色带	1.苗木、花卉种类:矾根 2.规格:自然形态 3.单位面积株数:25 4.养护期:成活养护3个月,保存养护9个月	m²	0.5	89.6	44.8	
26	050102007007	栽植色带	1.苗木、花卉种类:千屈菜 2.规格:自然形态 3.单位面积株数:25 4.养护期:成活养护3个月,保存养护9个月	m²	0.5	693.34	346.67	
27	050102007008	栽植色带	1.苗木、花卉种类:白花鼠尾草 2.规格:自然形态 3.单位面积株数:64 4.养护期:成活养护3个月,保存养护9个月	m²	1.1	709.09	780.00	
28	050102007009	栽植色带	1.苗木、花卉种类:羽叶薰衣草 2.规格:自然形态 3.单位面积株数:64 4.养护期:成活养护3个月,保存养护9个月	m²	0.75	373.07	279.80	

续表

序号	项目编码	项目名称	项目特征描述	计量单位	工程量	综合单价	合价	其中暂估价
						金额/元		
29	050102007010	栽植色带	1. 苗木、花卉种类:大花飞燕草 2. 规格:自然形态 3. 单位面积株数:16 4. 养护期:成活养护3个月,保存养护9个月	m²	1.2	238.68	286.42	
30	050102012001	铺种草皮	1. 草皮种类:草地早熟禾 2. 规格:高6~8 cm 3. 铺种方式:满铺 4. 养护期:成活养护3个月,保存养护9个月	m²	35	32.88	1 150.8	
		分部小计					4 992.46	
		合计					15 481.37	

任务考核表见表3-3。

表3-3 任务考核表7

序号	考核内容	考核标准	配分	考核记录	得分
1	绿地整理综合单价组价	严格按照清单描述和工作内容组价,每项综合单价包含人材机和管理费、利润及一定范围的风险	25		
2	乔木综合单价组价	严格按照清单描述和工作内容组价,每项综合单价包含人材机和管理费、利润及一定范围的风险	25		
3	灌木综合单价组价	严格按照清单描述和工作内容组价,每项综合单价包含人材机和管理费、利润及一定范围的风险	25		
4	色带、草坪综合单价组价	严格按照清单描述和工作内容组价,每项综合单价包含人材机和管理费、利润及一定范围的风险	25		
	合计		100		

工程量清单的编制

工程量清单是建设工程分部分项工程项目、措施项目和其他项目的名称和相应数量以及规费、税金项目等内容的明细清单。招标工程量清单是指由招标人依据国家标准、招标文件、设计文件以及施工现场实际情况编制的，随招标文件发布、供投标报价的工程量清单，包括对其的说明和表格。已标价工程量清单是指构成合同文件组成部分的投标文件中已标明价格、经算术性错误修正（如有）且承包人已确认的工程量清单，包括对其的说明和表格。招标工程量清单应由具有编制能力的招标人或受其委托、具有相应资质的工程造价咨询人编制。采用工程量清单方式招标，招标工程量清单必须作为招标文件的组成部分，其准确性和完整性由招标人负责。招标工程量清单是工程量清单计价的基础，应作为编制招标控制价和投标报价、计算或调整工程量、索赔等的依据之一。

计价规范规定，招标工程量清单应以单位（项）工程为单位编制，应由分部分项工程项目清单、措施项目清单、其他项目清单、规费和税金项目清单组成。

编制工程量清单的依据有：
(1)计价规范和相关工程的国家计量规范；
(2)国家或省级、行业建设主管部门颁发的计价定额和办法；
(3)建设工程设计文件及相关资料；
(4)与建设工程有关的标准、规范、技术资料；
(5)拟定的招标文件；
(6)施工现场情况、地勘水文资料、工程特点及常规施工方案；
(7)其他相关资料。

一、分部分项工程项目清单

"分部分项工程"是分部工程和分项工程的总称。分部工程是单项或单位工程的组成部分，是按结构部位、路段长度及施工特点或施工任务将单项或单位工程划分为若干分部的工程。分项工程是分部工程的组成部分，是按不同施工方法、材料、工序及路段长度等将分部工程划分为若干个分项或项目的工程。

计价规范规定，分部分项工程项目清单必须载明项目编码、项目名称、项目特征、计量单位和工程量，这五个要件在分部分项工程项目清单的组成中缺一不可。分部分项工程项目清单必须根据相关工程现行国家计量规范规定的项目编码、项目名称、项目特征、计量单位和工程量计算规则进行编制，在分部分项工程项目清单的编制过程中，由招标人负责以上内容填写，金额部分在编制招标控制价或投标报价时由相关责任人填写。

1. 项目编码的设置

项目编码是分部分项工程项目和措施项目清单名称的阿拉伯数字标识。工程量清单的项目编码以五级编码设置，采用十二位阿拉伯数字表示。一至九位应按相关工程计量规范附录的规定统一设置，不得变动；十至十二位应根据拟建工程的工程量清单项目名称和项目特征，由清单编制人设置，并应自001起顺序编制。同一招标工程的项目编码不得有重码。

各级编码代表的含义如下：

①第一级为专业工程代码(分二位)：房屋建筑与装饰工程为01,仿古建筑工程为02,通用安装工程为03,市政工程为04,园林绿化工程为05,矿山工程为06,构筑物工程为07,城市轨道交通工程为08,爆破工程为09。

②第二级为专业工程附录分类顺序码(分二位)。

③第三级为分部工程顺序码(分二位)。

④第四级为分项工程项目名称顺序码(分三位)。

⑤第五级为清单项目名称顺序码(分三位)。

若同一标段(或合同段)的一份工程量清单中含有多个单位工程,且工程量清单是以单位工程为编制对象的,在编制工程量清单时应特别注意项目编码十至十二位的设置不得有重码的规定。例如,一个标段(或合同段)的工程量清单中含有三个单位工程,每一单位工程中都有项目特征相同的实心砖墙砌体,在工程量清单中又需反映三个不同单位工程的实心砖墙砌体工程量时,第一个单位工程的实心砖墙的项目编码应为010401003001,第二个单位工程的实心砖墙的项目编码应为010401003002,第三个单位工程的实心砖墙的项目编码应为010401003003,并分别列出各单位工程实心砖墙的工程量。

2. 项目名称的确定

分部分项工程量清单的项目名称应根据各工程计量规范附录的项目名称结合拟建工程的实际情况确定。编制工程量清单时,应以附录中的项目名称为基础,考虑该项目的规格、型号、材质等特征要求,并结合拟建工程的实际情况,对其进行适当的调整或细化,使其能够反映影响工程造价的主要因素。如房屋建筑与装饰工程计量规范中编号为"010502001"的项目名称为"矩形柱",则可根据拟建工程的实际情况将"C30现浇混凝土矩形柱400×400"作为项目名称。

3. 项目特征的描述

项目特征是指构成分部分项工程项目、措施项目自身价值的本质特征。工程量清单项目特征应按各工程计量规范附录中规定的项目特征,结合拟建工程项目的实际予以描述。工程量清单的项目特征是确定一个清单项目综合单价不可缺少的依据,也是履行合同义务的基础。在编制工程量清单时,必须对项目特征进行准确和全面的描述,但有些项目特征用文字往往又难以准确和全面地描述清楚,因此,为达到规范、简洁、准确、全面描述项目特征的目的,在描述工程量清单项目特征时,应按计量规范附录中的规定,结合拟建工程的实际,满足确定综合单价的需要。

项目特征描述可以按以下原则进行：

①项目特征中必须描述的内容：涉及正确计量的内容必须描述,如门窗洞口尺寸或框外围尺寸；涉及结构要求的内容必须描述,如混凝土构件的混凝土强度等级是C20还是C30,混凝土强度等级不同,其价格也不同,因此必须描述；涉及材料要求内容必须描述,如油漆的品种,是调和漆还是硝基清漆等；涉及安装方式的内容必须描述,如管道工程中的钢管的连接方式,是螺纹连接还是焊接,塑料管是粘接连接还是热熔连接等,就必须描述。

②项目特征中可不描述的内容：对计量计价没有实质影响的内容可不描述,如对现浇混凝土柱的高度、断面大小等的特征规定可以不描述,因为混凝土构件按"m³"计量,此描述实质意义不大；应由投标人根据施工方案确定的可以不描述,如对石方的预裂爆破的单孔深度

及装药量的特征规定,若由清单编制人来描述是困难的,而应由投标人根据施工要求在施工方案中确定,自主报价;应由投标人根据当地材料和施工要求确定的可以不描述,如对混凝土构件中的混凝土拌合料使用的石子种类及粒径、砂的种类的特征规定可以不描述,因为混凝土拌合料使用砾石还是碎石,使用粗砂还是中砂、细砂或特细砂,主要取决于工程所在地砂、石子材料的供应情况,石子粒径大小主要取决于钢筋配筋的密度;应由施工措施解决的可以不描述,如对现浇混凝土板、梁的标高的特征规定可以不描述,因为同样的板或梁都可以被归并在同一个清单项目,不同标高的差异可以由投标人在报价中考虑或在施工措施中解决。

③项目特征中可不详细描述的内容:无法准确描述的可不详细描述,如土壤类别,表层土与表层土以下的土壤,其类别可能不同,可注明由投标人根据地勘资料自行确定土壤类别,决定报价;施工图纸、标准图集标注明确的,可不再详细描述,对这些项目可描述为"见××图集××页号及节点大样"等;其他可不详细描述的,应注明由投标人自定,如土方工程中的取土运距、弃土运距等,因为由清单编制人决定在多远取土或弃土往往是困难的,并且由投标人根据在建工程施工情况自主决定取、弃土方的运距可以充分体现竞争的要求。

在各专业工程计量规范附录中还有关于各清单项目工作内容的描述。工作内容是指完成清单项目可能发生的具体工作和操作程序,在编制工程量清单时,工作内容通常无须描述。在计价规范中,工作内容更多被用来指引造价人员的报价。

4. 计量单位的选择

工程量清单的计量单位应按计量规范附录中规定的计量单位确定,除各专业另有特殊规定外,均按以下基本单位计量:

①以重量计算的项目——吨或千克(t或kg);
②以体积计算的项目——立方米(m^3);
③以面积计算的项目——平方米(m^2);
④以长度计算的项目——米(m);
⑤以自然计量单位计算的项目——个、套、块、组、台等;
⑥没有具体数量的项目——宗、项等。

以吨为计量单位的应保留小数点后三位,第四位小数四舍五入;以立方米、平方米、米、千克为计量单位的应保留小数点后二位,第三位小数四舍五入;以项、个等为计量单位的应取整数。

若计量单位有两个或两个以上,在工程计量时,应结合拟建工程项目的实际情况,确定其中一个作为计量单位。例如:门窗工程的计量单位为樘或m^2,实际工作中,就应选择最适宜、最方便计量和组价的一个单位来表示。在同一个建设项目(或标段、合同段)中,多个单位工程的相同项目计量单位必须保持一致。

5. 工程量的计算

工程量清单中所列工程量应按计量规范附录中规定的工程量计算规则计算。工程量计算规则是指对清单项目工程量的计算规定。除另有说明外,所有清单项目的工程量以实体工程量为准,并以完成后的净值来计算。因此,投标人投标报价时,应在计算综合单价时考虑施工各种损耗和需要增加的工程量,或在措施项目清单中列入相应的措施费用。采用工程量清单计算规则,工程实体的工程量是唯一的。统一的清单工程量,为各投标人提供了一

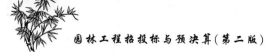

个公平竞争的平台,也方便招标人对各投标人的报价进行对比。

根据计量规范的规定,工程量计算规则可以分为房屋建筑与装饰工程、仿古建筑工程、通用安装工程、市政工程、园林绿化工程、矿山工程、构筑物工程、城市轨道交通工程、爆破工程九大类。

6. 补充项目

随着工程建设中新材料、新技术、新工艺等的不断涌现,计量规范附录所列的工程量清单不可能包含所有项目。在编制工程量清单时,若出现计量规范附录中未包括的清单项目,编制人应做补充。在编制补充时应注意以下三个方面:

①补充项目的编码应按计量规范的规定确定,具体做法:补充项目的编码由计量规范中规定的代码与"B"和三位阿拉伯数字组成,并应从001起顺序编制。例如,房屋建筑与装饰工程如需补充项目,则其编码应从01B001开始起顺序编制,同一招标工程的项目不得重码。

②在工程量清单中应附补充项目的项目名称、项目特征、计量单位、工程量计算规则和工作内容。

③应将编制的补充项目报省级或行业工程造价管理机构备案。

二、措施项目清单

措施项目是指为完成工程项目施工,发生于该工程施工准备和施工过程中的技术、生活、安全、环境保护等方面的项目。措施项目清单必须根据相关工程现行国家计量规范的规定编制,并应根据拟建工程的实际情况列项。

计量规范将措施项目划分为两类。一类是可以计算工程量的措施项目(即单价措施项目),如脚手架、混凝土模板及支架等,同分部分项工程一样,编制工程量清单时必须列出项目编码、项目名称、项目特征、计量单位、工程量等。另一类是不能计算工程量的措施项目(即总价措施项目),如安全文明施工、夜间施工和二次搬运等,计量规范仅列出了项目编码、项目名称和包含的范围,未列出项目特征、计量单位和工程量计算规则,编制工程量清单时,必须按计量规范规定的项目编码、项目名称确定清单项目,不必描述项目特征和确定计量单位。

措施项目清单的编制需考虑多种因素,除工程本身的因素外,还涉及水文、气象、环境、安全等因素。由于影响措施项目设置的因素太多,计量规范不可能将施工中会出现的措施项目一一列出。在编制措施项目清单时,若因工程情况不同,出现计量规范附录中未列的措施项目,可根据工程的具体情况对措施项目清单进行补充。

三、其他项目清单

其他项目清单是指在分部分项工程量清单、措施项目清单所包含的内容以外,因招标人的特殊要求而发生的与拟建工程有关的其他费用项目和相应数量的清单。工程建设标准的高低、工程的复杂程度、工程的工期长短、工程的组成内容、发包人对工程管理的要求等都直接影响其他项目清单的具体内容。

1. 暂列金额

暂列金额是指招标人在工程量清单中暂定并包括在合同价款中的一笔款项,是用于工程合同签订时尚未确定或者不可预见的所需材料、工程设备、服务的采购，施工中可能发生的工程变更、合同约定调整因素出现时的工程价款调整以及发生的索赔、现场签证确认等的费用。

为保证工程施工建设的顺利实施，应针对施工过程中可能出现的各种不确定因素对工程造价的影响，在招标控制价中估算一笔暂列金额。暂列金额在实际履约过程中可能发生，也可能不发生。暂列金额如不能列出明细，也可只列总额。

2. 暂估价

暂估价是指招标人在工程量清单中提供的用于支付必然发生但暂时不能确定价格的材料、工程设备的单价以及专业工程的金额，包括材料暂估单价、工程设备暂估单价和专业工程暂估价。暂估价类似于 FIDIC 合同条款中的"Prime Cost Items"，在招标阶段预见肯定要发生，但是因为标准不明确或者需要由专业承包人来完成，暂时无法确定价格或金额。暂估价数量和拟用项目应当结合工程量清单中的暂估价表予以补充说明。为方便合同管理和计价，需要纳入分部分项工程项目清单综合单价中的暂估价应只是材料、工程设备费，以方便投标人组价。

专业工程的暂估价一般应是综合暂估价，包括除规费和税金以外的管理费、利润等。总承包招标时，专业工程设计深度往往是不够的，一般需要交由专业设计人设计；出于提高可建造性的目的考虑，国际上一般由专业承包人负责设计，以发挥其专业技能和专业施工经验的优势。这类专业工程交由专业分包人完成是国际工程的良好实践，目前在我国工程建设领域也已经比较普遍。公开透明、合理地确定这类暂估价的实际开支金额的最佳途径，就是由施工总承包人与工程建设项目招标人共同组织确定。

3. 计日工

计日工是指在施工过程中，承包人完成发包人提出的工程合同范围以外的零星项目或工作，按合同中约定的单价计价的一种方式。计日工是为了解决现场发生的零星工作的计价而设立的。国际上常见的标准合同条款中，大多数都设立了计日工（daywork）计价机制。计日工以完成零星工作所消耗的人工工时、材料数量、施工机械台班进行计量，并按照计日工表中填报的适用项目的单价进行计价支付。计日工适用的所谓零星项目或工作一般是指合同约定之外或者因变更而产生的、工程量清单中没有相应项目的额外工作，尤其是那些时间不允许事先商定价格的额外工作。计日工为额外工作和变更的计价提供了一个方便快捷的途径。计日工应列出项目名称、计量单位和暂定数量。

4. 总承包服务费

总承包服务费是指总承包人为配合协调发包人进行的专业工程发包、对发包人自行采购的材料工程设备等进行保管以及施工现场管理、竣工资料汇总整理等服务所需的费用。总承包服务费应列出服务项目及其内容等。

四、规费项目清单和税金项目清单

1. 规费项目清单

规费是指根据国家法律、法规规定，由省级政府或省级有关权力部门规定施工企业必须缴纳的，应计入建筑安装工程造价的费用。规费项目清单应按照下列内容列项：

①社会保险费:包括养老保险费、失业保险费、医疗保险费、工伤保险费、生育保险费。
②住房公积金。
③工程排污费。

出现计价规范未列的项目,应根据省级政府或省级有关权力部门的规定列项。

2.税金项目清单

税金是指国家税法规定的应计入建筑安装工程造价内的增值税、城市维护建设税、教育费附加和地方教育附加。

出现计价规范未列的项目,应根据税务部门的规定列项。

任务2　园路园桥工程清单计价

能力目标

1.能快速准确地对园路园桥工程进行组价;
2.能准确计算园路园桥工程的综合单价。

知识目标

1.了解园路园桥工程清单计价规范;
2.掌握园路园桥工程清单计价要点与应用方法。

基本知识

以项目二任务2中××庭院景观工程园路施工中的陶瓷防滑砖铺装为例,其清单工程量为11.34 m²,列清单并用计价软件进行计价。

(1)列清单。填写项目特征,填写工程量数值,见图3-26。

编码	类别	名称	项目特征	单位	含量	工程量表达式	工程量	单价	合价	综合单价	综合合价	锁定综合单价
1	050201001001	项	陶瓷防滑砖铺装	1.路床土石类别:三类土 2.垫层厚度、宽度、材料种类:100厚C20碎石土、200厚天然级配砂砾 3.路面厚度、宽度、材料种类:室外陶瓷防滑砖,蒙古黑火烧面花岗岩600×100×30、黄金麻菇枝面花岗岩300×300×30、蒙古黑火烧面花岗岩300×150×30收边 4.找平层:30厚1:3干硬性水泥砂浆 5.结合层:5厚1:1水泥砂浆	m²		11.34	11.34			305.17	3460.63	

图3-26　列清单

(2)套定额。根据项目特征描述套定额子目。
(3)填写工程量。从上到下填写工程量数值。
(4)含量填写。当清单单位和定额单位不一致时,存在换算,将换算的数值填写在含量里,见图3-27。

	编码	类别	名称	项目特征	单位	含量	工程量表达式	工程量	单价	合价	综合单价	综合合价	锁定综合单价
1	050201001001	项	陶瓷防滑砖铺装	1.路床土石类别:三类土 2.垫层厚度、宽度、材料种类:100厚C20混凝土、200厚天然级配砂砾 3.路面厚度、宽度、材料种类:室外陶瓷防滑砖,蒙古黑火烧面花岗岩600×100×30,黄金麻荔枝面花岗岩300×300×30,蒙古黑火烧面花岗岩300×150×30收边 4.找平层:30厚1:3干…	m2		11.34	11.34			305.17	3460.63	□
	G1-38	借	人工挖路槽土方 挖深30cm以内 一、二类土		100m3	0.00365	QDL *0.365	0.041391	1549.85	64.15	1798.02	74.42	
	E2-1	定	园路土基 整理路床		10m2	0.1	QDL	1.134	38.31	43.44	48.43	54.92	
	E2-4	定	园路垫层 碎石		m3	0.2	QDL *0.2	2.268	340.84	773.03	361.62	820.15	
	E2-6	定	园路垫层 混凝土		m3	0.1	QDL *0.1	1.134	516.44	585.64	531.88	603.15	
	E2-11	定	花岗岩地面 厚30mm		10m2	0.05626102	0.98+1.98*3.42	0.638	1932.13	1232.7	2033.45	1297.34	
	A16-1	借	基础垫层 胶合板模板		100m2	0.00121693	1.38	0.0138	4476.17	61.77	5122.58	70.69	
	E2-19	定	广场砖铺装 素拼		10m2	0.04373898	4.96	0.496	1021.13	506.48	1088.26	539.78	

图 3-27　含量填写

学习任务

根据项目二任务 2 中的××庭院景观工程的园路工程工程量清单,编制招标控制价。

任务分析

认真识读园路工程设计说明,掌握园路面层材料及规格、各结构层做法及相关设计要求,完成招标控制价编制。

任务实施

(1)准备工作。收集施工图纸、工程量清单等。

(2)熟悉图纸、施工现场等。

(3)复核清单工程量及组价,见表 3-4。

表 3-4　园路工程分部分项工程和单价措施项目清单与计价表

工程名称:××庭院景观工程

序号	项目编码	项目名称	项目特征描述	计量单位	工程量	金额/元		
						综合单价	合价	其中暂估价
1	050201001001	陶瓷防滑砖铺装	1.路床土石类别:三类土 2.垫层厚度、宽度、材料种类:100 厚 C20 混凝土、200 厚天然级配砂砾 3.路面厚度、宽度、材料种类:室外陶瓷防滑砖,蒙古黑火烧面花岗岩 600×100×30,黄金麻荔枝面花岗岩 300×300×30,蒙古黑火烧面花岗岩 300×150×30 收边 4.找平层:30 厚 1∶3 干硬性水泥砂浆 5.结合层:5 厚 1∶1 水泥砂浆	m^2	11.34	305.17	3 460.63	

续表

序号	项目编码	项目名称	项目特征描述	计量单位	工程量	金额/元 综合单价	合价	其中暂估价
2	050201001002	青石板碎拼	1. 路床土石类别：三类土 2. 垫层厚度、宽度、材料种类：100 厚 C20 混凝土、200 厚天然级配砂砾 3. 路面厚度、宽度、材料种类：青石板碎拼,水泥勾缝 4. 找平层：30 厚 1∶3 干硬性水泥砂浆 5. 结合层：5 厚 1∶1 水泥砂浆	m²	23.49	403.65	9 481.74	
3	050201001003	花岗岩汀步	1. 路床土石类别：三类土 2. 垫层厚度、宽度、材料种类：100 厚 C20 混凝土、100 厚中砂层 3. 路面厚度、宽度、材料种类：600×600×50、600×300×50、300×300×50 等的芝麻白荔枝面花岗岩 4. 找平层：30 厚 1∶3 干硬性水泥砂浆 5. 结合层：5 厚 1∶1 水泥砂浆	m²	6.84	307.18	2 101.11	
4	050201001004	花岗岩汀步	1. 路床土石类别：三类土 2. 垫层厚度、宽度、材料种类：100 厚 C20 混凝土、100 厚中砂层 3. 路面厚度、宽度、材料种类：$R400$、$R330$、$R550$、$R660$ 圆形 50 厚芝麻白荔枝面花岗岩 4. 找平层：30 厚 1∶3 干硬性水泥砂浆 5. 结合层：5 厚 1∶1 水泥砂浆	m²	5.98	203.29	1 215.67	

续表

序号	项目编码	项目名称	项目特征描述	计量单位	工程量	金额/元 综合单价	金额/元 合价	其中暂估价
5	050201001005	卵石路面	1.路床土石类别:三类土 2.垫层厚度、宽度、材料种类:100厚C20混凝土、200厚天然级配砂砾 3.路面厚度、宽度、材料种类:白色砾石 $D=5\sim8$,立铺 4.砂浆厚度、配合比:1∶2水泥	m²	26.87	310.08	8 331.85	
6	050201001006	卵石路面	1.路床土石类别:三类土 2.垫层厚度、宽度、材料种类:100厚C20混凝土、200厚天然级配砂砾 3.路面厚度、宽度、材料种类:白色砾石 $D=10\sim15$,立铺 4.砂浆厚度、配合比:1∶2水泥	m²	11.81	310.29	3 664.52	
7	050201001007	自然条石	1.路床土石类别:三类土 2.垫层厚度、宽度、材料种类:100厚C20混凝土、100厚中砂层 3.路面厚度、宽度、材料种类:自然条石2 000×360 4.找平层:30厚1∶3干硬性水泥砂浆 5.结合层:5厚1∶1水泥砂浆	m²	4.32	1 049.53	4 533.97	

续表

序号	项目编码	项目名称	项目特征描述	计量单位	工程量	金额/元		
						综合单价	合价	其中暂估价
8	050201001008	自然条石	1.路床土石类别：三类土 2.垫层厚度、宽度、材料种类：100厚C20混凝土、100厚中砂层 3.路面厚度、宽度、材料种类：自然条石1 000×400 4.找平层：30厚1∶3干硬性水泥砂浆 5.结合层：5厚1∶1水泥砂浆	m²	1.6	543.95	870.32	
9	050201001009	花岗岩铺装	1.路床土石类别：三类土 2.垫层厚度、宽度、材料种类：100厚C20混凝土、200厚天然级配砂砾 3.路面厚度、宽度、材料种类：芝麻灰火烧面600×600×30，黄金麻荔枝面200×200×30，蒙古黑火烧面300×300×30，黄金麻荔枝面300×300×30收边 4.找平层：30厚1∶3干硬性水泥砂浆 5.结合层：5厚1∶1水泥砂浆	m²	19.38	345.07	6 687.46	
10	050201003001	路牙铺设	1.垫层厚度、材料种类：150厚C20混凝土、200厚3∶7灰土 2.路牙材料种类、规格：芝麻白机切面花岗岩平边石W100×H100×L1 000 3.砂浆强度等级：20厚1∶2水泥砂浆	m	14.45	178.61	2 580.91	

续表

序号	项目编码	项目名称	项目特征描述	计量单位	工程量	金额/元		
						综合单价	合价	其中暂估价
11	050201003002	路牙铺设	1.垫层厚度、材料种类:150厚C20混凝土、200厚3∶7灰土 2.路牙材料种类、规格:芝麻白荔枝面花岗岩 50×600×50 3.砂浆强度等级:20厚1∶2水泥砂浆	m	6.45	168.55	1 087.15	
		分部小计					44 015.33	
		合计					44 015.33	

注:本表"项目特征描述"中未注明单位的数值,其单位为mm。

任务考核表见表 3-5。

表 3-5 任务考核表 8

序号	考核内容	考核标准	配分	考核记录	得分
1	园路综合单价组价	严格按照清单描述和工作内容组价,每项综合单价包含人材机和管理费、利润及一定范围的风险	80		
2	路牙铺设综合单价组价	严格按照清单描述和工作内容组价,每项综合单价包含人材机和管理费、利润及一定范围的风险	20		
	合计		100		

招标控制价的编制

一、概述

招标控制价是指招标人根据国家或省级、行业建设主管部门颁发的有关计价依据和办法,以及拟定的招标文件和招标工程量清单,结合工程具体情况编制的招标工程的最高投标限价。招标工程量清单是工程量清单计价的基础,应作为编制招标控制价、投标报价、计算或调整工程量、索赔等的依据之一。国有资金投资的工程招标,招标人必须编制招标控制价,招标控制价应由具有编制能力的招标人或受其委托、具有相应资质的工程造价咨询人编制和复核,工程造价咨询人接受招标人委托编制招标控制价,不得再就同一工程接受投标人委托编制投标报价。当招标控制价超过批准的概算时,招标人应将其报原概算审批部门审核。招标人应在发布招标文件时公布招标控制价,招标控制价不应上调或下浮,同时招标人应将招标控制价及有关资料报送工程所在地或有该工程管辖权的行业管理部门工程造价管理机构备查。投标人复核认为招标人公布的招标控制价未按照计价规范的规定进行编制的,应在招标控制价公布后5天内向招投标监督机构和工程造价管理机构投诉。招投标监督机构应会同工程造价管理机构对投诉进行复查,当招标控制价复查结论与原公布的招标控制价误差大于±3%时,应当责成招标人改正。

招标控制价应根据下列依据编制与复核:
(1)计价规范;
(2)国家或省级、行业建设主管部门颁发的计价定额和计价办法;
(3)建设工程设计文件及相关资料;
(4)拟定的招标文件及招标工程量清单;
(5)与建设项目相关的标准、规范、技术资料;
(6)施工现场情况、工程特点及常规施工方案;
(7)工程造价管理机构发布的工程造价信息(当工程造价信息没有发布时,参照市场价);
(8)其他的相关资料。

二、招标控制价的编制方法

招标控制价的编制内容包括分部分项工程费、措施项目费、其他项目费、规费和税金,各个部分有不同的计价要求。

1. 分部分项工程费的确定

招标控制价的分部分项工程费应由各单位工程的招标工程量清单乘以相应综合单价汇总而成。综合单价是指完成一个规定清单项目所需的人工费、材料和工程设备费、施工机具使用费和企业管理费、利润以及一定范围内的风险费用。风险费用是指隐含于已标价工程量清单综合单价中,用于化解发承包双方在工程合同中约定内容和范围内的市场价格波动风险的费用,即

$$综合单价=人工费+材料和工程设备费+施工机具使用费$$
$$+企业管理费+利润+风险费用$$

其中

$$企业管理费=(人工费+施工机具使用费)\times 管理费率$$
$$利润=(人工费+施工机具使用费)\times 利润率$$

则有

$$分部分项工程费=分部分项工程量\times 分部分项工程综合单价$$

确定分部分项工程费时,工程量依据招标文件中提供的分部分项工程量清单确定。对招标文件中提供了暂估单价的材料,应按暂估单价计入综合单价,为使招标控制价与投标报价所包含的内容一致,综合单价应当包括招标文件中招标人要求投标人承担的风险内容及

其范围(幅度)产生的风险费用。

①综合单价的组价。

首先,依据提供的施工图纸、工程量清单项目名称和项目特征及工作内容,按照工程所在地区颁发的计价定额的规定,确定所组价的定额项目名称,并计算出相应的计价工程量;其次,依据工程造价政策规定或工程造价信息确定其人工、材料和工程设备、机械台班单价;同时,按照有关费用取费标准在考虑风险因素确定管理费率和利润率的基础上,按规定程序计算出所组价定额项目的合价[见公式(3-1)];最后将若干项所组价的定额项目合价相加除以工程量清单项目工程量,得到工程量清单项目综合单价。未计价材料的费用(包括暂估单价的材料费)应计入综合单价。

$$定额项目合价 = 计价工程量 \times [\sum(定额人工消耗量 \times 人工单价)$$
$$+ \sum(定额材料或工程设备消耗量 \times 材料或工程设备单价)$$
$$+ \sum(定额机械台班消耗量 \times 机械台班单价) + 管理费、利润和风险费]$$
(3-1)

②确定综合单价应考虑的因素。

编制招标控制价在确定其综合单价时,应考虑一定范围内的风险因素。在招标文件中应预留一定的风险费用,或明确说明风险所包含的范围及超出该范围的价格调整方法。对于招标文件中未做要求的,可按以下原则确定:

a. 对于技术难度较大和管理复杂的项目,可考虑一定的风险费用,并纳入综合单价中。

b. 对于工程设备、材料价格的市场风险,应依据招标文件的规定、工程所在地或行业工程造价管理机构的有关规定及市场价格趋势考虑一定的风险费用,纳入综合单价中。

c. 税金、规费等法律、法规、规章和政策变化的风险和人工单价等风险费用不应纳入综合单价。

招标工程发布的分部分项工程量清单对应的综合单价,应依据招标人发布的分部分项工程量清单的项目名称、工程量、项目特征描述,以及工程所在地区颁发的计价定额和人工、材料、机械台班价格信息等,进行组价确定,并应编制工程量清单综合单价分析表。

2. 措施项目费的确定

措施项目清单分为单价措施项目清单和总价措施项目清单两种。措施项目清单计价根据拟建工程的施工组织设计,对单价措施项目清单,应按分部分项工程量清单的方式采用综合单价计价[见公式(3-2)];对总价措施项目清单,应按有关确定计算基数和费率的规定综合取定,结果应包括除规费、税金外的全部费用[见公式(3-3)]。措施项目清单中的安全文明施工费应当按照国家或省级、行业建设主管部门的规定标准计算,该部分不得作为竞争性费用。

$$单价措施项目费 = 单价措施项目工程量 \times 单价措施项目综合单价 \quad (3-2)$$
$$总价措施项目费 = \sum 总价措施项目计算基数 \times 费率 \quad (3-3)$$

3. 其他项目费的确定

其他项目费由暂列金额、暂估价、计日工、总承包服务费等内容构成。

①暂列金额。暂列金额应按招标工程量清单中列出的金额填写,如招标工程量清单未列出金额,可根据工程的复杂程度、设计深度、工程环境条件(包括地质、水文、气候条件等)

进行估算,一般可以分部分项工程费的10%~15%为参考。

②暂估价。暂估价中的材料、工程设备暂估单价应按招标工程量清单中列出的单价填写,并计入综合单价中;如招标工程量清单未列出单价,应按照工程造价管理机构发布的工程造价信息确定,工程造价信息未发布的,其单价参照市场价格确定。暂估价中的专业工程金额应按招标工程量清单中列出的金额填写;如招标工程量清单未列出金额,专业工程暂估价应分不同专业,按有关计价规定估算。

③计日工。在编制招标控制价时,对计日工中的人工单价和施工机械台班单价,应按省级、行业建设主管部门或其授权的工程造价管理机构公布的单价计算;材料单价应按工程造价管理机构发布的工程造价信息中的材料单价计算,工程造价信息中未发布单价的材料,其价格应按市场调查确定的单价计算。

④总承包服务费。总承包服务费应按照省级或行业建设主管部门的规定计算,编制招标控制价时,应根据招标文件列出的内容和向总承包人提出的要求参照下列标准计算:

a. 当招标人仅要求总包人提供对其发包的专业工程进行施工现场协调和统一管理、对竣工资料进行统一汇总整理等服务时,总承包服务费按发包的专业工程估算造价的1.5%左右计算;

b. 当招标人要求总包人对其发包的专业工程既进行总承包管理和协调,又提供相应配合服务时,总承包服务费根据招标文件列出的配合服务内容,按发包的专业工程估算造价的3%~5%计算;

c. 招标人自行供应材料、设备的,按招标人供应材料、设备价值的1%计算。

4. 规费和税金的确定

规费和税金应按国家或省级、行业建设主管部门规定的标准计算,不得作为竞争性费用。

每一项规费和税金的规定文件中,对其计算方法都有明确的说明,故可以按各项法规和规定的计算方式计取。具体计算时,一般按国家及有关部门规定的计算公式和费率标准进行计算。

5. 编制招标控制价应注意的问题

①采用的材料价格应是工程造价管理机构发布的工程造价信息中的材料单价,工程造价信息中未发布单价的材料,其材料价格应通过市场调查确定。未采用工程造价管理机构发布的工程造价信息时,需在招标文件或答疑补充文件中对招标控制价采用的市场价格予以说明,采用的市场价格应通过市场调查、分析确定,并有可靠的信息来源。

②施工机械设备的选型直接关系到综合单价水平,应根据工程项目特点和施工条件,本着经济实用、先进高效的原则确定。

③应该正确、全面地使用行业和地方的计价定额与相关文件。

④不可竞争的措施项目和规费、税金等费用的计算均属于强制性的条款,编制招标控制价时应按国家有关规定计算。

⑤不同工程项目、不同施工单位会有不同的施工组织方法,所发生的措施费也会有所不同,因此,对于竞争性的措施费用的确定,招标人应首先编制常规的施工组织设计或施工方案,然后经专家论证确认后再进行措施项目与费用的合理确定。

⑥根据计价规范的规定,由发包人承担的计价风险包括:国家法律、法规、规章和政策发

生变化;省级或行业建设主管部门发布的人工费调整,但承包人对人工费人工单价的报价高于发布的除外;由政府定价或政府指导价管理的原材料等价格进行的调整。这些全部由发包人承担的计价风险应在编制招标控制价时予以充分考虑。

任务3　园林景观工程清单计价

能力目标

1. 能快速准确地对园林景观工程进行组价;
2. 能准确计算园林景观工程的综合单价。

知识目标

1. 了解园林景观工程清单计价规范;
2. 掌握园林景观工程清单计价要点与应用。

基本知识

下文利用实例介绍园林景观工程清单计价。

【例3-4】　某校园景观工程,设置3 m高黄山石假山一座,重10 t。试利用软件计价。

(1)列清单。填写项目特征,填写工程量数值,见图3-28。

	编码	类别	名称	项目特征	单位	含量	工程量表达式	工程量
			整个项目					
1	050301002001	项	堆砌石假山	1.堆砌高度:3m 2.石料种类、单块重量:……黄山石	t		10	10

图3-28　列清单

(2)套定额。根据项目特征描述套定额子目,见图3-29。

	编码	类别	名称	项目特征	单位
			整个项目		
1	050301002001	项	堆砌石假山	1.堆砌高度:3m 2.石料种类、单块重量:黄山石	t
	E3-5	借	堆砌石假山 高度(m以内)3		t

图3-29　套定额

(3)填写工程量。从上到下填写工程量数值,见图3-30。

	编码	类别	名称	项目特征	单位	含量	工程量表达式	工程量
			整个项目					
1	050301002001	项	堆砌石假山	1.堆砌高度:3m 2.石料种类、单块重量:黄山石	t		10	10
	E3-5	借	堆砌石假山 高度(m以内)3		t	0	1	1

图3-30　填写工程量

(4)含量填写。当清单单位和定额单位不一致时,存在换算,将换算的数值填写在含量里。此处清单、定额单位一致,含量即为1。

最终计价清单见图 3-31。

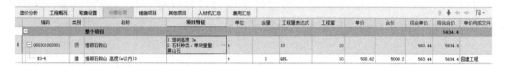

图 3-31 假山计价清单

学习任务

根据项目二任务 3 中的××校园景观工程的景墙及廊架工程量清单,编制招标控制价。

任务分析

认真识读相关设计说明,掌握所用材料及规格、各结构层做法及相关设计要求,完成招标控制价编制。

任务实施

(1)准备工作。收集施工图纸、工程量清单等。
(2)熟悉图纸、施工现场等。
(3)复核清单工程量及组价,见表 3-6 和表 3-7。

表 3-6 景墙分部分项工程和单价措施项目清单与计价表

工程名称:××校园景观工程

序号	项目编码	项目名称	项目特征描述	计量单位	工程量	金额/元		
						综合单价	合价	其中暂估价
		景墙						
1	040101002001	挖沟槽土方	1.土壤类别:一二类土(另见设计说明) 2.挖土深度:1.2 m 3.满足图纸及设计相关要求	m³	10.37	61.4	636.72	
2	040103001001	回填方	1.填方材料品种:原土回填(另见设计说明) 2.填方粒径要求:夯实 3.满足图纸及设计相关要求	m³	5.68	20.83	118.31	
3	010404001001	垫层	1.垫层材料种类、配合比、厚度:100厚级配碎石垫层 2.满足图纸及设计相关要求	m³	0.86	220.24	189.41	

续表

序号	项目编码	项目名称	项目特征描述	计量单位	工程量	金额/元 综合单价	合价	其中暂估价
4	010501001001	垫层	1.混凝土种类:C15 混凝土垫层 2.满足图纸及设计相关要求	m³	0.74	503.63	372.69	
5	010501002001	带形基础	1.混凝土种类:C25 钢筋混凝土 2.满足图纸及设计相关要求	m³	1.87	446.9	835.7	
6	010504001001	直形墙	1.混凝土种类:C25 钢筋混凝土 2.满足图纸及设计相关要求	m³	2.53	630.77	1 595.85	
7	010401001001	砖基础	1.砖品种、规格、强度等级:MU10 砖 2.砂浆强度等级、配合比:M7.5 水泥砂浆 3.满足图纸及设计相关要求	m³	0.56	487.24	272.85	
8	010401003001	实心砖墙	1.砖品种、规格、强度等级:MU10 砖 2.墙体类型:240 厚 3.砂浆强度等级、配合比:M7.5 水泥砂浆 4.满足图纸及设计相关要求	m³	0.89	547.06	486.88	
9	011204001001	石材墙面	1.墙体类型:入口景墙 2.面层材料品种、规格、颜色:20 厚1:2.5 水泥砂浆贴25 厚文化石 3.满足图纸及设计相关要求	m²	20.61	210.76	4 343.76	

续表

序号	项目编码	项目名称	项目特征描述	计量单位	工程量	金额/元		
						综合单价	合价	其中暂估价
10	010503004001	圈梁	1.混凝土种类:240×240 C25钢筋混凝土 2.满足图纸及设计相关要求	m³	0.12	969.9	116.39	
11	010507007001	其他构件	1.部位:耐候钢下面支撑部分 2.混凝土种类:现浇细石混凝土 3.构件类型:胶合板模板木支撑(另见设计说明) 4.满足图纸及设计相关要求	m³	0.19	1 263.95	240.15	
12	010515001001	现浇构件钢筋	1.钢筋种类、规格:直径为12的Ⅲ级钢筋,间距为200,双层双向布置 2.满足图纸及设计相关要求	t	0.11	4 441.27	488.54	
13	01B001	耐候钢景墙	1.10厚耐候钢 2.镂空字体,背面放置LED灯 3.满足图纸及设计相关要求	m²	6.37	2 000	12 740	
		分部小计					22 437.25	
		花坛						
14	010101004001	挖基坑土方	满足图纸及设计相关要求	m³	6.17	82.8	510.88	
15	040103001002	回填方	1.填方材料品种:原土回填(另见设计说明) 2.填方粒径要求:夯实 3.满足图纸及设计相关要求	m³	2.43	45.8	111.29	

续表

序号	项目编码	项目名称	项目特征描述	计量单位	工程量	金额/元 综合单价	合价	其中暂估价
16	010404001002	垫层	1. 垫层材料种类、配合比、厚度:100厚级配碎石垫层 2. 满足图纸及设计相关要求	m³	1.87	220.24	411.85	
17	010501001002	垫层	1. 混凝土种类:C15混凝土垫层 2. 满足图纸及设计相关要求	m³	1.87	641.58	1 199.75	
18	010401003002	实心砖墙	1. 砖品种、规格、强度等级:MU10砖 2. 墙体类型:120厚 3. 砂浆强度等级、配合比:M7.5水泥砂浆 4. 满足图纸及设计相关要求	m³	3.09	633.02	1 956.03	
19	011204001002	石材墙面	1. 面层材料品种、规格、颜色:20厚1:2.5水泥砂浆贴25厚文化石 2. 满足图纸及设计相关要求	m²	16.31	210.76	3 437.50	
		分部小计					7 627.30	
		微景观						
20	050101010001	整理绿化用地	1. 回填土质要求:投标方自行考虑 2. 取土运距:投标方自行考虑 3. 回填厚度:投标方自行考虑 4. 弃渣运距:投标方自行考虑	m²	40.92	3.86	157.95	
21	050102007001	栽植色带	1. 种类:佛甲草,满种不露黄土 2. 养护期:成活养护3个月,保存养护9个月(另见设计说明)	m²	40.92	85.45	3 496.61	

续表

序号	项目编码	项目名称	项目特征描述	计量单位	工程量	金额/元		
						综合单价	合价	其中暂估价
22	050201001001	园路	1.路床土石类别:三类土(另见设计说明) 2.垫层厚度、宽度、材料种类:50厚C25混凝土垫层 3.路面厚度、宽度、材料种类:50厚直径为15~20的黑色砾石 4.满足图纸及设计相关要求	m²	39.08	195.37	7 635.06	
23	050201003001	路牙铺设	路牙材料种类、规格:3×50不锈钢通长	m	35.72	120	4 286.4	
		分部小计					15 576.02	
		合计					45 640.57	

表3-7　廊架分部分项工程和单价措施项目清单与计价表

工程名称:××校园景观工程

序号	项目编码	项目名称	项目特征描述	计量单位	工程量	金额/元		
						综合单价	合价	其中暂估价
		廊架						
1	050201001001	园路	1.路床土石类别:三类土(另见设计说明) 2.垫层厚度、宽度、材料种类:100厚级配碎石垫层,100厚C15混凝土垫层 3.路面厚度、宽度、材料种类:600×300×18厚仿芝麻灰PC砖,20~30黑色鹅卵石(散置) 4.其他:其他未尽事宜详图纸设计,包含但不限于满足图纸设计及验收规范的必要工序	m²	98.55	308.94	30 446.04	

续表

序号	项目编码	项目名称	项目特征描述	计量单位	工程量	金额/元		
						综合单价	合价	其中暂估价
2	010101004001	挖基坑土方	1.土壤类别:三类土(另见设计说明) 2.挖土深度:1.1 m 3.其他:其他未尽事宜详图纸设计,包含但不限于满足图纸设计及验收规范的必要工序	m³	18.82	99.63	1 875.04	
3	040103001001	回填方	1.填方材料品种:原土回填(另见设计说明) 2.填方粒径要求:夯实 3.其他:其他未尽事宜详图纸设计,包含但不限于满足图纸设计及验收规范的必要工序	m³	17.25	46.37	799.88	
4	010501001001	垫层	1.混凝土种类:C15混凝土垫层 2.其他:其他未尽事宜详图纸设计,包含但不限于满足图纸设计及验收规范的必要工序	m³	1.57	549.43	862.61	
5	010501003001	独立基础	1.混凝土种类:C25钢筋混凝土 2.模板种类:木模板 3.其他:其他未尽事宜详图纸设计,包含但不限于满足图纸设计及验收规范的必要工序	m³	4.26	509.34	2 169.79	

续表

序号	项目编码	项目名称	项目特征描述	计量单位	工程量	金额/元		其中暂估价
						综合单价	合价	
6	010515001001	现浇构件钢筋	1. 钢筋种类、规格：直径为12的Ⅲ级钢筋 2. 其他：其他未尽事宜详图纸设计，包含但不限于满足图纸设计及验收规范的必要工序	t	0.033	4 441.52	146.57	
7	010515001002	现浇构件钢筋	1. 钢筋种类、规格：直径为16的Ⅲ级钢筋 2. 其他：其他未尽事宜详图纸设计，包含但不限于满足图纸设计及验收规范的必要工序	t	0.324	4 441.29	1 438.98	
8	010515001003	现浇构件钢筋	1. 钢筋种类、规格：直径为8的Ⅰ级钢筋 2. 其他：其他未尽事宜详图纸设计，包含但不限于满足图纸设计及验收规范的必要工序	t	0.096	4 699.79	451.18	
9	010516002001	预埋铁件	1. 钢材种类：10厚钢肋板 2. 其他：其他未尽事宜详图纸设计，包含但不限于满足图纸设计及验收规范的必要工序	t	0.000 1	8 280	0.83	
10	010606013001	零星钢构件	1. 钢材品种、规格：100×150×8厚镀锌方通，面喷深灰色氟碳漆 2. 其他：其他未尽事宜详图纸设计，包含但不限于满足图纸设计及验收规范的必要工序	t	1.080	9 913.75	10 706.85	

续表

序号	项目编码	项目名称	项目特征描述	计量单位	工程量	金额/元 综合单价	合价	其中暂估价
11	010606013002	零星钢构件	1. 钢材品种、规格:50×50×1.5厚方通,50×30×1.5厚矩形方通,电镀木纹漆 2. 其他:其他未尽事宜详图纸设计,包含但不限于满足图纸设计及验收规范的必要工序	t	1.252	9 759.28	12 218.62	
12	010401012001	零星砌砖	1. 零星砌砖名称、部位:座椅 2. 砖品种、规格、强度等级:MU10 3. 砂浆强度等级、配合比:M7.5水泥砂浆 4. 其他:其他未尽事宜详图纸设计,包含但不限于满足图纸设计及验收规范的必要工序	m³	0.75	717.26	537.95	
13	010507005001	扶手、压顶	1. 混凝土种类:80厚C20混凝土 2. 其他:其他未尽事宜详图纸设计,包含但不限于满足图纸设计及验收规范的必要工序	m³	0.18	758.61	136.55	
14	011203001001	零星项目一般抹灰	1. 面层厚度、砂浆配合比:20厚1:2.5水泥砂浆 2. 其他:其他未尽事宜详图纸设计,包含但不限于满足图纸设计及验收规范的必要工序	m²	2.61	65.9	172.00	
15	011406001001	抹灰面油漆	1. 油漆品种:面喷真石漆 2. 其他:其他未尽事宜详图纸设计,包含但不限于满足图纸设计及验收规范的必要工序	m²	2.61	86.54	225.87	

续表

序号	项目编码	项目名称	项目特征描述	计量单位	工程量	金额/元		
						综合单价	合价	其中暂估价
16	05B001	木座椅	1. 100×50 厚山樟木,栗色,留缝 5 宽 2. 其他:其他未尽事宜详图纸设计,包含但不限于满足图纸设计及验收规范的必要工序	m³	0.06	3 791	227.46	
17	010606013003	零星钢构件	1. 钢材品种、规格:50×50×2 厚方通 2. 其他:其他未尽事宜详图纸设计,包含但不限于满足图纸设计及验收规范的必要工序	t	0.062	9 310.51	577.25	
		分部小计					62 993.47	
		合计					62 993.47	

任务考核表见表 3-8。

表 3-8 任务考核表 9

序号	考核内容	考核标准	配分	考核记录	得分
1	景墙各分部分项综合单价组价	严格按照清单描述和工作内容组价,每项综合单价包含人材机和管理费、利润及一定范围的风险	50		
2	廊架各分部分项综合单价组价	严格按照清单描述和工作内容组价,每项综合单价包含人材机和管理费、利润及一定范围的风险	50		
	合计		100		

投标报价的编制

一、概述

投标报价是指投标人投标时响应招标文件要求所报出的对已标价工程量清单进行汇总

后标明的总价。

投标报价应根据下列依据编制和复核：
(1)计价规范；
(2)国家或省级、行业建设主管部门颁发的计价办法；
(3)企业定额,国家或省级、行业建设主管部门颁发的计价定额和计价办法；
(4)招标文件,包括招标工程量清单及其补充通知、答疑纪要；
(5)建设工程设计文件及相关资料；
(6)施工现场情况、工程特点及投标时拟定的施工组织设计或施工方案；
(7)与建设项目相关的标准、规范等技术资料；
(8)市场价格信息或工程造价管理机构发布的工程造价信息；
(9)其他的相关资料。

二、投标报价的编制步骤与方法

1. 投标报价的编制步骤

招标工程量清单是投标报价的基础,投标报价是指完成随招标文件发布的招标工程量清单的计价编制。投标报价的编制内容包括分部分项工程费、措施项目费、其他项目费、规费和税金,其编制步骤如下：
①研究招标文件,熟悉工程量清单；
②核算工程数量,分析项目特征,编制综合单价,计算分部分项工程费用；
③确定措施项目清单内容,计算措施项目费用；
④计算其他项目费用、规费和税金；
⑤汇总各项费用,复核调整确认。

2. 投标报价的编制方法

(1)分部分项工程费的计算与确定。

投标人必须按招标工程量清单填报价格。项目编码、项目名称、项目特征、计量单位、工程量必须与招标人提供的一致,均不做改动。综合单价和合价由投标人自主决定填写。投标报价中的分部分项工程费应由招标工程量清单中分部分项工程量乘以相应综合单价汇总而成,即

$$分部分项工程费 = \sum 分部分项工程量 \times 分部分项工程综合单价$$

分部分项工程综合单价应按招标工程量清单中分部分项工程量清单项目的特征描述和计量规范中的工作内容来确定,包括完成单位分部分项工程清单项目所需的人工费、材料和工程设备费、施工机具使用费、企业管理费、利润,并考虑风险费用的分摊。
①分部分项工程综合单价确定的步骤和方法。
a.确定计算基础。

计算基础主要包括消耗量指标和生产要素单价。应根据本企业的企业实际消耗量水平,并结合拟定的施工方案确定完成清单项目需要消耗的各种人工、材料、机械台班的数量。计算时应采用企业定额,在没有企业定额或企业定额缺项时,可参照与本企业实际水平相近的地区、行业定额,并通过调整来确定清单项目的人、材、机单位用量。各种人工、材料和工程设备、机械台班单价,则应根据询价的结果和市场行情综合确定。

b. 分析每一清单项目的项目特征和工作内容,确定组合定额子目。

在招标工程量清单中,招标人已对项目特征进行了准确、详细的描述,投标人根据这一描述,再结合施工现场情况和拟定的施工方案确定完成各清单项目实际发生的工作内容。必要时可参照计量规范提供的工作内容,有些特殊的工程也可能出现规范列表之外的工作内容。

清单项目一般以一个综合实体考虑,包括了较多的工作内容,计价时,可能出现一个清单项目对应多个定额子目的情况,比如挖基坑土方清单项目就由排地表水、土方开挖、挡土板的支拆、基底钎探、土方运输等定额子目组合而成。计算综合单价就是要将清单项目的工作内容与定额项目的工作内容进行比较,结合清单项目的特征描述,确定拟组价清单项目应该由哪几个定额子目来组合。

c. 计算定额子目的工程数量。

每一项定额子目都应根据所选定额的工程量计算规则计算其工程数量。一个清单项目可能对应几个定额子目,而清单工程量计算的是主项工程量,与各定额子目的工程量可能并不一致;即便一个清单项目对应一个定额子目,也可能由于清单工程量计算规则与所采用的定额工程量计算规则之间的差异,二者的计价单位和计算出来的工程量不一致。因此,清单工程量直接用于计价,在计价时必须考虑施工方案等各种影响因素,根据所采用的计价定额及相应的工程量计算规则重新计算各定额子目施工工程量,这个工程量也称计价工程量。定额子目工程量应严格按照与所采用的定额相对应的工程量计算规则计算。当定额的工程量计算规则与清单的工程量计算规则相一致时,可直接以工程量清单中的工程量作为定额子目的工程量。

d. 确定人、材、机消耗量。

人、材、机的消耗量一般参照定额进行确定。在编制招标控制价时,一般参照政府颁发的消耗量定额;在编制投标报价时,一般采用反映企业水平的企业定额,投标企业没有企业定额时可参照消耗量定额进行调整。

e. 确定人、材、机单价。

人工单价、材料单价和施工机械台班单价,应根据工程项目的具体情况及市场资源的供求状况确定,采用市场价格作为参考,并考虑一定的调价系数。

f. 计算清单项目的人工费、材料费和机械费。

按确定的分项工程人工、材料和机械的消耗量及询价获得的人工单价、材料单价、施工机械台班单价,与相应的计价工程量相乘,得到各定额子目的人工费、材料费和机械费,将各定额子目的人工费、材料费和机械费汇总后算出清单项目的人工费、材料费和机械费,即

$$清单项目人工费、材料费和机械费 = \sum(\sum 人工消耗量 \times 人工单价 \\ + \sum 材料消耗量 \times 材料单价 \\ + \sum 台班消耗量 \times 台班单价)$$

g. 计算清单项目的管理费、利润及风险费。

企业管理费及利润通常根据各地区规定的费率乘以规定的计算基数得出,再根据工程的类别和施工难易程度考虑一定的风险费用。依据2018年湖北省费用定额,管理费、利润是以人工费和施工机械使用费为基数,乘以相应的费率计算的,即

$$管理费 = (人工费 + 施工机械使用费) \times 管理费率$$

利润＝(人工费＋施工机械使用费)×利润率

风险费是以人工费、材料费、施工机械使用费、管理费和利润为基数,乘以风险费率计算的,即

风险费＝(人工费＋材料费＋施工机械使用费＋管理费＋利润)×风险费率

h.计算清单项目的综合单价。

将清单项目的人工费、材料费、机械费、管理费、利润及风险费汇总得到该清单项目合价,将该清单项目合价除以清单项目的工程量即可得到该清单项目的综合单价,即

综合单价 ＝ $\sum$(人工费＋材料费＋机械费＋管理费＋利润＋风险费)/清单工程量

根据计算出的综合单价,可编制分部分项工程量清单与计价表以及综合单价分析表。综合单价分析表应填写使用的企业定额名称,也可填写使用的省级或行业建设主管部门发布的计价定额,如不使用则不填写。

②确定分部分项工程综合单价时应注意的事项。

a.以项目特征描述为依据。

项目特征是确定综合单价的重要依据之一,投标人投标报价时应依据招标文件中分部分项工程量清单项目的特征描述确定清单项目的综合单价。在招标投标过程中,当招标文件中分部分项工程量清单项目特征描述与设计图纸不符时,投标人应以分部分项工程量清单的项目特征描述为准,确定投标报价的综合单价。当施工中施工图纸或设计变更与工程量清单项目特征描述不一致时,发承包双方应按实际施工的项目特征,依据合同约定重新确定综合单价。

b.材料、工程设备暂估价妥善处理。

投标人应将招标文件中提供了暂估单价的材料和工程设备按其暂估的单价计入分部分项工程清单项目的综合单价中,并应计算出暂估单价的材料在综合单价及其合价中的具体数额,因此,为更详细反应暂估价情况,也可在表中增设一栏"综合单价其中暂估价"。

c.考虑合理的风险。

招标文件中要求投标人承担的风险费用,投标人应考虑进综合单价。在施工过程中,当出现的风险内容及其范围(幅度)在招标文件规定的范围(幅度)内时,综合单价不得变动,合同价款不得调整。根据国际惯例并结合我国工程建设的特点,投标人应完全承担的风险是技术风险和管理风险,如管理费和利润;应有限度承担的是市场风险,如材料、工程设备涨价及施工机械使用费涨价等;应完全不承担的是法律、法规、规章和政策变化的风险。

为此,计价规范规定：

国家法律、法规、规章和政策变化,省级及行业建设主管部门发布的人工费调整,由政府定价或政府指导价管理的原材料等价格进行了调整的风险由招标人承担。

由于市场物价波动影响合同价款,应由招投标双方合理分摊,材料、工程设备的涨幅在招标时基准价格5％以内,施工机械使用费的涨幅在招标时基准价格10％以内,由投标人承担,超过者予以调整。

管理费和利润的风险由投标人全部承担。

(2)措施项目费的计算与确定。

根据计价规范的规定,措施项目分为单价措施项目和总价措施项目。单价措施项目由投标人以综合单价的方式自主报价;总价措施项目中的安全文明施工费必须按国家或省级、行业建设主管部门的规定计算,不得作为竞争性费用;总价措施项目中的其他费用由投标人

以费率的方式自主报价。措施项目费的计算与确定应遵循以下原则：

a.措施项目的内容应依据招标人提供的措施项目清单和投标人投标时拟定的施工组织设计或施工方案确定,投标人可根据工程实际情况结合施工组织设计,对招标人所列的措施项目进行增补。由于各投标人拥有的施工装备、技术水平和采用的施工方法有所差异,招标人提出的措施项目清单是根据一般情况确定的,没有考虑不同投标人的"个性",因此投标人投标时应根据自身编制的投标施工组织设计(或施工方案)确定措施项目。投标人根据投标施工组织设计(或施工方案)调整和确定的措施项目应通过评标委员会的评审。

b.措施项目清单计价应根据拟建工程的施工组织设计(或施工方案),对措施项目中的单价项目采用分部分项工程量清单方式的综合单价计价；措施项目中的总价项目以"项"为单位的方式按费率计算,按项计价,其价格组成与综合单价相同,应包括除规费、税金以外的全部费用。

c.措施项目清单中的安全文明施工费必须按国家或省级、行业建设主管部门的规定计价,不得作为竞争性费用。招标人不得要求投标人对该项费用进行优惠,投标人也不得以该项费用参与市场竞争。

(3)其他项目费的计算与确定。

其他项目费主要包括暂列金额、暂估价、计日工以及总承包服务费等内容。投标人对其他项目费投标报价时应遵循以下原则：

a.暂列金额应按照招标工程量清单中列出的金额填写,不得变动。

b.材料暂估价不得变动和更改。暂估价中的材料、工程设备必须按照暂估单价计入综合单价；专业工程暂估价必须按照招标工程量清单列出的金额填写。

c.计日工应按照招标工程量清单列出的项目和估算的数量,自主确定各项综合单价并计算费用。

d.总承包服务费应根据招标工程量清单列出的专业工程暂估价内容和供应材料、设备情况,按照招标人提出的协调、配合与服务要求和施工现场管理需要自主确定。

(4)规费、税金的计算与确定。

规费和税金应按国家或省级、行业建设主管部门规定的标准计算,不得作为竞争性费用。

规费和税金的计取标准是依据有关法律、法规和政策规定制定的,具有强制性。具体计算时,一般按国家及有关部门规定的计算公式和费率标准进行计算。

(5)投标报价的计价程序。

投标人的投标总价应当与组成已标价工程量清单的分部分项工程费、措施项目费、其他项目费和规费、税金的合计金额一致,即投标人在进行投标报价时,不能进行投标总价优惠(或降价、让利),投标人对招标人的任何优惠(或降价、让利)均应反映在相应清单项目的综合单价上。

(6)编制投标报价应注意的问题。

a.计价规范规定投标报价不得低于工程成本,投标人的投标报价高于招标控制价的应予废标。投标价应由投标人或受其委托、具有相应资质的工程造价咨询人编制。

b.招标工程量清单与计价表中列明的所有需要填写单价和合价的项目,投标人均应填写且只允许有一个报价。未填写单价和合价的项目,可视为此项费用已包含在已标价工程量清单中其他项目的单价和合价之中。当竣工结算时,此项目不得重新组价或予以调整。

c. 必须复核工程量清单中的工程量,应以实际施工工程量(计价工程量)来计算工程造价,以招标人提供的清单工程量进行报价。注意清单工程量计算规则与计价工程量计算规则的区别。

d. 投标报价的人、材、机消耗量应根据企业定额而确定,现阶段应按照各省、自治区、直辖市的计价定额计算。投标报价的人、材、机单价应根据市场价格(暂估价除外)自主报价。

e. 投标报价应在满足招标文件要求的前提下,实行企业定额的人、材、机消耗量自定,综合单价及费用全面竞争、自由报价。其中,可以自主确定和计算的有企业定额消耗量、人材机单价、管理费率、利润率、措施费用、计日工单价、总承包服务费等;不能自主确定和计算的有安全文明施工费、规费、税金、暂列金额、暂估价、计日工等。

项目四　园林工程招标与投标

　　招标与投标是在市场经济条件下进行工程建设、货物买卖、财产出租、中介服务等经济活动的一种竞争形式和交易方式,是引入竞争机制订立合同(契约)的一种法律形式,它是指招标人对工程建设、货物买卖、劳务承担等交易业务,事先公布选择分派的条件和要求,招引他人承接,然后若干投标人做出愿意参加业务承接竞争的意愿表示,招标人按照规定的程序和方法择优选定中标人的活动。按照我国有关规定,招标投标的标的,即招标投标有关各方当事人权利和义务所共同指向的对象,包括工程、货物、劳务等。

　　园林工程招标投标活动是一种商品交易行为,是市场经济发展的必然产物。园林工程采用招标投标的承发包方式,在提高工程经济效益、保证工程建设质量、保证社会及公众利益等方面具有明显的优越性。

技能要求

- 能够编制园林工程招标文件
- 能够编制园林工程技术标书和商务标书
- 能够合理使用投标策略和报价技巧

知识要求

- 明确园林工程施工招标的形式、程序及内容
- 明确园林工程技术标和商务标的内容
- 掌握园林工程招标文件的编写要点
- 掌握园林工程技术标书和商务标书的编制方法
- 掌握园林工程投标的投标策略和报价技巧

任务1　园林工程招标

能力目标

1. 能够进行招标文件的编制;
2. 能够编制园林工程招标标底;
3. 能进行园林工程招标的组织管理。

知识目标

1. 明确园林工程招标的程序;
2. 明确园林工程招标文件的内容;
3. 掌握园林工程标底文件的组成与编制方法;

4.掌握园林工程招标文件的编写要点。

一、工程招标相关概念

(一)招标

招标是指招标人(建设单位或业主)就拟建工程的内容和要求等信息对外公布,招引和邀请多家单位参与承包工程任务的竞争,以便择优选择承包单位的活动。

(二)标底

标底是指招标工程的预期价格。在建设工程招投标中,标底的编制是工程招标中的重要环节之一。标底一般由招标单位委托由建设行政主管部门批准的具有与建设工程相应造价资质的中介机构代理编制。标底编制的合理性、准确性直接影响工程造价。

(三)招标控制价

招标控制价是招标人根据国家或省级行业建设主管部门颁发的有关计价依据和办法,按设计施工图纸计算的,对招标工程限定的最高工程造价。一般在招标文件中会说明招标控制价具体价格,若投标人的投标报价超过招标控制价,则为废标。

二、工程项目招标应具备的条件

为了建立和维护正常的建设工程招标程序,在建设工程招标程序正式开始前,招标人必须完成必要的准备工作,以满足招标所需要的条件。

(一)建设单位招标应具备的条件

(1)建设单位必须是法人或依法成立的其他组织。
(2)建设单位必须有与招标工程相适应的技术、经济、管理人员。
(3)建设单位必须具有编制招标条件和标底,审查投标人投标资格,组织开标、评标、定标的能力。
(4)建设单位必须设立专门的招标组织,招标形式上可以是基建处(办、科)、筹建处(办)、指挥部等。

凡具备以上条件的园林工程建设单位,经招标投标管理机构审查合格后可获得招标组织资质证书;园林工程建设单位如不具备以上条件,必须委托有相应资质的咨询单位代理招标。

(二)招标的园林工程建设项目应具备的条件

(1)项目预算已经被批准。
(2)建设项目已正式列入国家、部门或地方的年度固定资产投资计划。

(3)项目建设用地的征用工作已经完成。
(4)有能够满足施工需要的施工图纸和技术资料。
(5)有进行招标项目的建设资金或有确定的资金来源,主要材料、设备的来源已经落实。
(6)已经得到建设项目所在地规划部门批准,施工现场已经完成"四通一平"或一并列入施工项目的招标范围。

三、招标方式

招标方式可分为公开招标和邀请招标。

(一)公开招标

公开招标又称无限竞争性招标,是园林工程建设项目招标的主要方式。它是由招标人按照法定程序,通过国家指定报刊、信息网络或其他媒介发布招标公告,招引不特定的法人或者其他组织(经过资格审查合格后)按规定时间参加投标竞争。招标公告应当载明招标人的名称和地址,招标项目的性质、数量、实施地点和时间,投标截止日期以及获取招标文件的办法等事项。

公开招标的优点:这种招标方式可以给所有符合条件的承包商一个平等竞争的机会,招标单位有较大的选择范围,投标竞争激烈,择优率更高,有利于降低工程造价、提高工程质量和缩短工期。

公开招标的缺点:对投标申请单位进行资格预审和评标的工作量大,招标费用支出较多,持续的时间较长等。

公开招标的招标公告内容如下:

1 招标条件

本招标项目_____(项目名称)已由_____(项目审批、核准或备案机关名称)以_____(批文名称及编号)批准建设,项目业主为_____,建设资金来自_____(资金来源),项目出资比例为_____,招标人为_____。项目已具备招标条件,现对该项目的施工进行公开招标。

2 项目概况与招标范围

_____(说明本次招标项目的建设地点、规模、计划工期、招标范围、标段划分及相应计划工期等)。

3 投标人资格要求

3.1 本次招标要求投标人须具备_____资质,_____业绩,具有良好的财务状况和商业信誉,并在人员、设备、资金等方面具有承担本标段的履约能力。

3.2 本次招标_____(接受或不接受)联合体投标。联合体投标的,应满足下列要求:_____。

3.3 各投标人均可就上述标段中的_____(具体数量)个标段投标。

4 招标文件的获取

4.1 凡有意参加投标者,请于_____年_____月_____日至_____年_____月_____日(法定公休日、法定节假日除外),每日上午_____时至_____时,下午_____时至_____时(北京时间,下同),在_____(详细地址)持单位介绍信购买招标文件。

4.2 招标文件每套售价_____元,售后不退。图纸押金_____元,在退还图纸时退还(不计利息)。

4.3 邮购招标文件的,需另加手续费(含邮费)_____元,招标人在收到单位介绍信和邮购款(含手续费)后_____日内寄送。

5 投标文件的递交

5.1 投标文件递交的截止时间(投标截止时间,下同)为_____年_____月_____日_____时_____分,地点为_____(详细地址)。

5.2 逾期送达的或者未送达指定地点的投标文件,招标人不予受理。

6 发布公告的媒介

本次招标公告在_____(发布公告的媒介名称)上发布。

7 联系方式

招 标 人:_____   招标代理机构:_____
地   址:_____   地   址:_____
邮   编:_____   邮   编:_____
联 系 人:_____   联 系 人:_____
电   话:_____   电   话:_____
传   真:_____   传   真:_____
电子邮件:_____   电子邮件:_____
网   址:_____   网   址:_____
开户银行:_____   开户银行:_____
账   号:_____   账   号:_____

_____年_____月_____日

(二)邀请招标

邀请招标又称有限竞争性招标,是指招标人以投标邀请书的方式邀请特定的法人或其他组织投标。采用这种形式时,招标人应当向三个以上具备承担招标项目能力、资信良好的特定的法人或其他组织发出投标邀请书。采用邀请招标方式的前提条件,是对市场供给情况、供应商和承包情况比较了解,在此基础上,还要考虑招标项目的具体情况。根据《工程建设项目施工招标投标办法》、《中华人民共和国招标投标法实施条例》(简称《招标投标法实施条例》)等的相关规定,依法必须进行公开招标的项目,有下列情形之一的,可以进行邀请招标:

(1)项目技术复杂或有特殊要求,或者受自然地域环境限制,只有少量潜在投标人可供选择;

(2)涉及国家安全、国家秘密或者抢险救灾,适宜招标但不宜公开招标的;

(3)采用公开招标方式的费用占项目合同金额的比例过大。

国家重点建设项目的邀请招标,应当经国家国务院发展计划部门批准;地方重点建设项

目的邀请招标,应当经各省、自治区、直辖市人民政府批准。

邀请招标的优点:参与投标的单位数量少,简化了投标程序,招标时间较短,招标费用较少;经过选择的投标单位在施工经验、技术力量、经济能力和信誉上都比较可靠,一般能保证工程进度和质量。

邀请招标的缺点:投标人数量相对较少,不利于投标竞争,可能会排除某些在技术或报价方面有竞争力的承包商;中标的合同价也有可能偏高。

投标邀请书的内容如下:

投标邀请书(适用于邀请招标)

招标项目编号:

_____(被邀请单位名称):

1 招标条件

本招标项目_____(项目名称)已由_____(项目审批、核准或备案机关名称)以_____(批文名称及编号)批准建设,项目业主为_____,建设资金来自_____(资金来源),项目出资比例为_____,招标人为_____。项目已具备招标条件,现邀请你单位参加_____(项目名称)_____标段施工投标。

2 项目概况与招标范围

2.1 _____(说明本次招标项目的招标内容、规模、结构类型、招标范围、标段划分及资金来源和落实情况等)。

2.2 工程建设地点为_____(工程建设地点)。

2.3 计划开工日期为_____年_____月_____日,计划竣工日期为_____年_____月_____日,工期为_____日历天。

2.4 工程质量要求符合_____标准。

3 投标人资格要求

3.1 投标单位须是具备建设行政主管部门核发的_____(行业类别、资质类别、资质等级)及以上资质及安全生产许可证(副本)原件及复印件的法人或其他组织,_____业绩,并在人员、设备、资金等方面具有相应的履约能力。

3.2 投标单位拟派出的项目经理或注册建造师须具备建设行政主管部门核发的_____(行业类别、资质类别、资质等级)及以上资质。

3.3 拟派出的项目管理人员,应无在建工程,否则按废标处理;投标单位的项目经理或注册建造师中标后需到本项目招投标监督主管部门办理备案手续。

3.4 本次招标_____(接受或不接受)联合体投标。联合体投标的,应满足下列要求:_____。

3.5 各投标人均可就上述标段中的_____(具体数量)个标段投标。

3.6 拒绝列入政府不良行为记录期间的企业或个人投标。

4 招标文件的获取

4.1 请于_____年_____月_____日至_____年_____月_____日(法定公休日、法定节假日除外),每日上午_____时至_____时,下午_____时至_____时(北京时间,下同),在_____(详细地址)持投标邀请书购买招标文件。

4.2 招标文件每套售价_____元,售后不退。图纸押金_____元,在退还图纸时退还(不计利息)。

4.3 邮购招标文件的,需另加手续费(含邮费)_____元。招标人在收到单位介绍信、投标邀请书和邮购款(含手续费)后_____日内寄送。

5 投标文件的递交及相关事项

5.1 投标文件递交的截止时间(投标截止时间,下同)为_____年_____月_____日_____时_____分,地点为_____(详细地址)。

5.2 逾期送达的或者未送达指定地点的投标文件,招标人不予受理。

5.3 投标单位在提交投标文件时,应按照有关规定提供不少于人民币_____元的投标保证金或投标保函。

5.4 有效投标人不足五家时,招标人另行组织招标。

5.5 当投标人的有效投标报价超出招标人设定的拦标价时,该投标报价视为无效报价。

6 确认

你单位收到本投标邀请书后,请于_____(具体时间)前以传真或快递方式予以确认。

7 联系方式

招标人:_____

地　　址:_____　　邮编:_____

联系人:_____

电　　话:_____　　传真:_____

招标代理机构:_____

地　　址:_____　　邮编:_____

联系人:_____

电　　话:_____　　传真:_____

　　　　　　　　　　　　　　　　　　　　　　____年____月____日

四、招标程序

园林工程施工招标可分为招标准备阶段、招标投标阶段和决标成交阶段。园林工程施工招标的一般程序如图4-1所示。《工程建设施工招标投标管理办法》规定,施工招标应按下列程序进行:

(1)向政府管理招标投标的专设机构提出招标申请。

申请的主要内容:

①园林建设单位的资质。

②招标工程具备的条件。

③拟采用的招标方式。

④对投标人的要求。

⑤初步拟订的招标工作日程等。

(2)建立招标机构,开展招标工作。

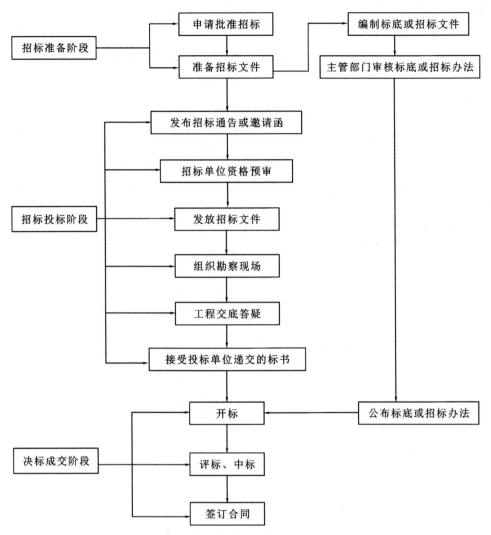

图 4-1 园林工程施工招标的一般程序

在招标申请被批准后,园林建设单位应建立招标机构,统一安排和部署招标工作。

招标机构的主要形式有:

①由建设单位的基本建设主管部门或实行建设项目法人责任制的业主单位负责有关招标的全部工作。

②专业咨询机构受建设单位委托,承办招标的技术性和事务性工作,决策仍由建设单位做出。

③由政府主管部门设立招标领导小组或招标办公室之类的机构,统一处理招标工作。

招标机构的人员组成为:

①决策人:主管部门任命的建设单位负责人或授权代表。

②专业技术人员:包括风景园林师、建筑师及结构、设备、工艺等专业工程师和估算师。他们的职责是向决策人提供咨询意见和进行招标的具体事务工作。

③助理人员:决策人和专业技术人员的助手,包括秘书、绘图员、资料员等。

招标代理机构是依法设立,从事招标代理业务并提供相关服务的社会中介组织。招标代理机构是独立的中介机构,与行政机关和其他国家机关不得存在隶属关系或者其他利益关系,应当在招标人委托的范围内办理招标事宜,并遵守招标投标法关于招标人的规定。招标代理机构应当具备以下条件:

①有从事招标代理业务的场所和相应的资金。
②有符合评标要求的评标委员专家库。
③有能够编制招标文件和组织评标的相应专业力量。

(3)编制招标文件。

招标文件应当包括招标项目的技术要求、对投标人资格审查的标准、投标及报价要求和评标标准等所有实质性要求以及拟签订合同的主要条款。如招标项目需要划分标段,则应在标书文件中载明。

(4)编制和审定标底。

(5)发布招标人公告或投标邀请书。

(6)组织投标单位报名并接受投标申请。

(7)审查投标单位的资质。

审查的主要内容包括营业执照、企业资质等级证书、工程技术人员和管理人员资质、企业拥有的施工机械设备等,看其是否符合承包本工程的要求。同时还要考察投标单位承担的同类工程质量、工期及合同履行的情况。审查合格后,通知投标单位参加投标;不合格的,通知其停止参加工程投标活动。

(8)发放招标文件。

向资格审查合格的投标单位发放招标文件(包括设计图纸和有关技术资料等),同时由投标单位向招标单位交纳投标保证金。

(9)组织踏勘现场及交底答疑。

组织投标单位在规定的时间踏勘施工现场,对投标单位就招标文件、设计图纸等提出的有关问题进行交底或答疑。对招标文件中尚需说明或修改的内容可以纪要和补充文件的形式通知投标单位,在投标单位编制标书时,纪要和补充文件与招标文件具有同等效力。

(10)接受标书(投标)。

招标单位应根据招标文件的规定,按照约定的时间、地点接受投标单位送交的投标文件,并逐一验收,出具收条,妥善保存,开标前任何单位和个人不准启封标书。

(11)召开开标会议,审查投标书、组织评标,决定中标单位。

(12)发出中标通知书。

(13)建设单位与中标单位签订承发包合同。

五、园林工程招标标底

(一)标底的作用

(1)使建设单位预先明确自己在拟建工程上应承担的财务义务。
(2)给上级主管部门提供核实投资规模的依据。

(3)作为衡量投标报价的准绳,是评判投标者报价的主要尺度之一。
(4)是评标、定标的重要依据。

(二)编制标底应遵循的原则

(1)标底必须根据招标单位的招标文件、设计图纸、标前会议纪要和有关技术资料,严格按照国家、省和市造价管理有关规定编制。

(2)标底的价格一般包括成本、利润、税金三大部分,应控制在上级批准的总概算(修正概算)及投资包干的限额内。

(3)标底价格作为建设单位的期望计划价格,应力求与市场实际变化相吻合,要有利于竞争和保证工程质量。

(4)标底价格应考虑人工、材料、机械台班等价格变动因素,还应包括施工的不可预见费、包干费和措施费。工程要求质量优良的,还应增加相应的费用。

(5)一个园林工程只能编一个标底,并在开标前保密。

(三)招标标底编制方法

当前我国园林工程施工招标较多采用的是以施工图预算为基础的标底编制方法。施工图预算编制的主要依据是施工图、预算定额、材料预算价格、取费标准等。也就是说,根据施工图纸和技术说明,按照预算定额规定的分部分项工程子目,逐项计算出工程量后,再套用定额单价(或单位估价表)确定直接费,然后按规定的取费标准计算间接费、计划利润、税金、材料调价和不可预见费等,汇总后计算出工程预期总造价,即标底。

(四)园林工程招标标底文件的组成

建设工程招标标底文件是对一系列反映招标人对招标工程交易预期控制要求的文字说明、数据、指标、图表的统称,是有关标底的定性要求和定量要求的各种书面表达形式。一般来说,园林工程招标标底文件由标底报审表和标底正文两部分组成。

1. 标底报审表

标底报审表是园林工程招标文件和标底正文的综合摘要,包括以下内容:

(1)招标工程综合说明:包括建设单位和招标工程的名称、报建建筑面积、结构类型、设计概算或修正概算总金额、施工质量要求、工程类别、计划工期、计划开工竣工时间、标底价格编制单位信息等。

(2)标底价格:包括招标工程的总造价和单方造价、各主要材料的总用量和单方用量等。

(3)招标工程总造价中各项费用的说明:包括对包干系数、不可预见费用、工程技术及特殊技术措施等的说明,以及对增加或减少的项目的审定意见和说明。

实际工程中有采用工料单价和综合单价的标底报审表,这两种标底报审表在内容上不尽相同,其样式分别如表4-1、表4-2所示。

2. 标底正文

标底正文是详细反映招标人对园林工程价格、工期等的预期控制数据和具体要求的部分。一般包括以下内容:

(1) 总则:主要说明标底编制单位的名称、持有的标底编制资质等级证书,标底编制的人员及其资格证书,标底具备条件,编制标底的原则和方法,标底的审定机构,以及对标底的封存、保密要求等内容。

(2) 标底的要求及其编制说明:主要说明招标人在方案、质量、期限、价格、方法、措施等许多方面的综合性预期控制指标或要求,并阐述其依据、包括和不包括的内容、各有关费用的计算方式等。

表 4-1　标底报审表(采用工料单价)

建设单位		工程名称			报建建筑面积/m²		
编制单位		编制人员		报审时间		工程类别	
报送标底价格	建筑面积/m²			审定标底价格	建筑面积/m²		
	项目	单方价/(元/m²)	合价/元		项目	单方价/(元/m²)	合价/元
	直接费合计				直接费合计		
	间接费				间接费		
	利润				利润		
	其他费用				其他费用		
	税金				税金		
	标底价格总价				标底价格总价		
	主要材料用量				主要材料用量		
审定意见				审定说明			
增加项目: 小计_____元		减少项目: 小计_____元					
合计_____元							
审定人		复核人		审定单位盖章		审定时间	年　月　日

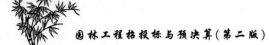

表 4-2　标底报审表(采用综合单价)

建设单位		工程名称		报建建筑面积/m²	
编制单位		编制人员		报审时间		工程类别	

报送标底价格	建筑面积/m²			审定标底价格	建筑面积/m²		
	项目	单方价/(元/m²)	合价/元		项目	单方价/(元/m²)	合价/元
	报送标底价格				审定标底价格		
	主要材料	单方用量	总用量		主要材料	单方用量	总用量

审定意见		审定说明
增加项目： 小计_____元	减少项目： 小计_____元	
合计_____元		

| 审定人 | | 复核人 | | 审定单位盖章 | | 审定时间 | | 年　月　日 |

在标底的要求中,要注意明确各单项工程、单位工程的名称、建筑面积、方案要点、质量要求、工期、单方造价以及总造价,明确各主要材料的总用量及单方用量,明确甲方供应的设备、构件与特殊材料的用量,明确分部、分项直接费、其他直接费、主材的调价、利润、税金等。

在标底编制说明中,要特别注意对标底价格的计算说明。一般需要阐明工程量清单的使用和内容、工程量的结算、标底价格的计价方式和采用的货币等内容。

(3)标底价格计算用表(标底价格汇总表)：采用工料单价的标底价格计算用表和采用综合单价的标底价格计算用表有所不同,见表 4-3、表 4-4。

表 4-3　标底价格汇总表(采用工料单价)

序号	项目内容	内容					合计	备注
		工程直接费合计	工程间接费合计	利润	其他费	税金		
1	工程量清单汇总及取费							
2	材料差价							
3	设备价							
4	现场因素、施工组织措施费							
5	其他							
6	风险金							
7	合计							

标底价格总价(大写)：_____元

表 4-4　标底价格汇总表(采用综合单价)

序号	表号	工程项目名称	金额/元	备注

报送标底价格：_____元

六、园林建设工程招标文件

园林建设工程招标文件是由一系列招标方面的说明性文件资料组成的,包括各种旨在阐释招标人意志的书面文字、图表、电报、传真等材料。一般来说,招标文件在形式上的构成,主要包括正式文本、对正式文本的解释和对正式文本的修改三个部分。

(一)招标文件正式文本

园林工程施工招标文件包括：
(1)招标公告或投标邀请书；
(2)投标人须知；

(3)评标办法;
(4)合同条款及格式;
(5)招标工程量清单;
(6)图纸;
(7)技术标准和要求;
(8)投标文件格式;
(9)招标控制价;
(10)投标人须知前附表规定的其他材料。

(二)对招标文件正式文本的解释(澄清)

解释的主要形式是书面答复、投标预备会记录等。投标人如果认为招标文件有问题、需要澄清,应在收到招标文件后以文字、传真或电报等书面形式向招标人提出,招标人将以文字、传真或电报等书面形式或以投标预备会的方式给予解答。解答包括对询问的解释,但不说明询问来源。解答意见经招标投标管理机构核准,由招标人发给所有获得招标文件的投标人。

(三)对招标文件正式文本的修改

修改的主要形式是补充通知、修改书等。在投标截止日期前,招标人可以自己主动对招标文件进行修改,或为解答投标人要求澄清的问题而对招标文件进行修改。修改意见经招标投标管理机构核准,由招标人以文字、传真或电报等书面形式发给所有获得招标文件的投标人。对招标文件的修改也是招标文件的组成部分,对投标人起约束作用。投标人收到修改意见以后应立即以书面形式(回执)通知招标人,确认已收到修改意见。为了给投标人合理的时间,使他们在编制投标文件时将修改意见考虑进去,招标人可以酌情延长递交投标文件的截止日期。

【学习任务】

××市园林局拟建设××市滨江大道东段绿化工程,按照工程建设程序委托招标代理机构进行该工程项目的施工招标。工程范围为××市××区滨江大道东至庞公路西至凤雏大道的区域;该工程承包方式为包工包料;要求质量标准为合格;计划工期为30天;招标范围为图纸内包含的绿化植物种植及养护管理等;报价方式为工程量清单报价。

请根据以上园林工程项目特点及基本要求编制该工程施工招标文件。

【任务分析】

该工程是由财政拨款建设的××市滨江大道东段绿化工程。××市园林局委托招标代理机构完成招投标工作;招投标采用工程量清单计价方式。

招标文件是招标人向潜在投标人发出的,旨在向其提供编写投标文件所需的资料并向其通报招标投标将依据的规则和程序等项内容的书面文件。

【任务实施】

编制招标文件前的准备工作有很多,包括收集资料、熟悉情况、确定招标发包承包方式、

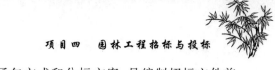

划分标段与选择分标方案等。其中,选定招标发包承包方式和分标方案,是编制招标文件前极重要的两项准备工作。本项目施工发包承包方式为包工包料,即工程施工所用的全部人工和材料由承包人负责。报价方式采用工程量清单报价。

本工程施工招标文件封面和目录见图 4-2 和图 4-3。

招标文件编号:××××

××市滨江大道东段绿化工程项目

招 标 文 件

招标人:××市园林局
招标代理机构:××公司
日期:××××年××月××日

图 4-2 招标文件封面

××市滨江大道东段绿化工程项目招标文件目录

第一章　投标邀请书
第二章　投标人须知
第三章　评标办法
第四章　合同条款及格式
第五章　招标工程量清单
第六章　图纸
第七章　技术标准和要求
第八章　投标文件格式
第九章　招标控制价

图 4-3　招标文件目录

任务考核表见表 4-5。

表 4-5　任务考核表 10

序号	考核内容	考核标准	配分	考核记录	得分
1	投标须知	格式正确,有关内容准确	20		
2	投标文件商务标部分格式	工程量清单的编制流程、内容正确	25		
3	投标文件技术标部分格式	施工组织设计的编制流程、内容正确	25		
4	施工合同	施工合同主要条款齐备	20		
5	评标办法	评标办法的编制流程、内容正确	10		
	合计		100		

编制施工招标文件应关注的事项

一、及时办理招标方案核准和施工招标文件备案

依据有关招标投标法律法规,招标方案(招标范围、招标方式和招标组织形式)核准和施工招标备案是开展施工招投标活动必须完成的两项基本的工作。

按照有关招投标法律法规的规定,招标人在招标文件发售前,应将招标文件(包括对招标文件的澄清或者修改)报工程所在地的政府主管部门进行施工招标文件备案登记,获取招标备案登记号。招标代理人员应将招标方案核准文件名称和施工招标文件备案登记号醒目地写入施工招标文件的最终稿。

二、法定时限和关键工作时间应醒目地写入施工招标文件中

遵照有关招标投标法律法规,施工招标的法定时限有下列几种:

(1)招标文件或者资格预审文件发售时间不少于五个工作日;

(2)最短投标截止时间或者最短开标时间不少于二十日;

(3)招标人澄清或者修改招标文件的截止时间至少在投标截止时间十五日以前;

(4)投标保证金有效期应超出投标有效期三十日;

(5)招标人最迟确定中标人(定标)时间在投标有效期结束日前三十个工作日;

(6)向项目招投标活动监管部门提交招标投标情况书面报告(施工招标情况的备案)时间最迟不晚于自确定中标人(定标)起以后十五日;

(7)订立施工合同时间最迟不晚于自中标通知书发出之日起以后三十日;

(8)向中标人和未中标人退还投标保证金时间最迟不晚于自订立施工合同之日起以后五个工作日。

三、全方位地设计施工投标人资格条件

招标文件中对施工投标人资格条件的设计是实现施工效果、保证投资建设项目顺利实施的关键。施工投标人资格条件较适宜的设计是:应保证有 5~7 个(最多 9 个)投标人参与投标;施工投标人资格条件可以由法定基本条件、法定限制条件、法定施工资质、项目履约能力和信用声誉五项资格条件组成。

复习提高

由专任教师提供包含园林绿化、园路、园桥、景观等内容的园林工程施工图,并令学生分组模拟公司,分别进行园林工程施工招标文件的编写,再由各组学生相互进行工程量的复核。

任务 2　园林工程投标

园林工程投标是我国园林建设领域的一项基本活动,园林工程施工企业进行施工投标是其获得施工工程项目的主要途径,也是园林施工企业决策人、技术管理人员在取得工程承包权前的主要工作之一。现阶段,园林工程的竞争非常激烈,如何应用投标技巧和风险防范的对策,实现科学理性的报价,既能在激烈的竞争中立于不败之地,又能在中标后取得良好的经济效益和社会效益,是园林工程施工企业必须认真研究的。

园林工程投标主要内容包括园林工程技术标书的编制和园林工程商务标书的编制。

能力目标

1. 能根据招标文件编写园林工程技术标书;
2. 会运用工程量清单报价方法完成园林工程商务标书的编制;
3. 会合理运用投标策略和报价技巧。

知识目标

1. 明确园林工程投标的程序;
2. 明确编制园林工程技术标书和商务标书的内容;
3. 掌握园林工程商务标和技术标的内容及标书编制方法。

基本知识

园林工程投标是指经建设单位(或招标单位)审查获得投标资格的承包企业(或投标单位),按照招标条件,就招标工程编制投标书,提出工程造价、工期、施工方案和保证工程质量的措施等,在规定的期限内向招标人投函,以争取中标承包工程的过程。

一、投标程序

(一)申报资格审查,提供有关文件资料

投标人在获悉招标公告或收到投标邀请后,应当按照招标公告或投标邀请书中所提出的资格审查要求,向招标人申报资格审查。

根据《工程建设项目施工招标投标办法》第二十条的规定,资格审查主要审查潜在投标人或者投标人是否符合下列条件:

(1)具有独立订立合同的权利;

(2)具有履行合同的能力,包括专业、技术资格和能力,资金、设备和其他物质设施状况,管理能力,经验,信誉和相应的从业人员;

(3)没有处于被责令停业,投标资格被取消,财产被接管、冻结、破产状态;

(4)在最近三年内没有骗取中标和严重违约及重大工程质量问题;

(5)法律、行政法规规定的其他资格条件。

资格审查时,招标人不得以不合理的条件限制、排斥潜在投标人或者投标人,不得对潜在投标人或者投标人实行歧视待遇。任何单位和个人不得以行政手段或者其他不合理方式限制投标人的数量。

(二)获取招标文件,缴纳投标保证金

投标人资格预审合格后,可根据招标公告或招标邀请中规定的招标文件的领取方式、时间、地点等获取招标文件。最常用的是当面领取,若无法到现场领取招标文件,则可以采用邮寄等方式获得招标文件,需要注意的是,投标人需要控制好时间,以免影响后续的投标工作。

投标保证金是为防止投标人对其投标活动不负责任而设定的一种担保形式,常见形式是招标文件中要求投标人向招标人缴纳一定数额的费用。投标保证金的收取和缴纳办法,应在招标文件中说明,并按招标文件的要求进行。投标保证金的额度,根据工程投资大小由业主在招标文件中确定。

(三)成立投标工作组织机构

投标人在通过资格审查、获取招标文件和有关资料后,就要按照招标文件确定的投标准备时间着手开展各项投标准备工作。投标工作是一项技术性很强的工作,是一场激烈的市场竞争,这场竞争不仅比报价的高低,而且比技术、质量、经验、服务和信誉,需要有专门的机构和专业人员对投标的全过程加以组织和管理。建立一个强有力的投标工作组织

机构是获得投标成功的根本保证。因此,投标工作组织机构应由企业法人代表(或决策人)、经营管理类人员、专业工程技术类人员、商务金融类人员等组成,以研究决策各项投标工作。

投标人如果没有专门的投标工作组织机构或现有的投标工作组织机构不能满足投标工作的需要,可以考虑雇佣投标代理人,即在工程所在地区找一个能代表自己利益而开展某些投标活动的咨询中介机构。充当投标代理人的咨询中介机构,通常都很熟悉代理业务,它们拥有一批经济、技术、管理等方面的专家,经常搜集、积累各种信息资料,有较广的社会关系、较强的社会活动能力,在当地有一定的影响力,因而能比较全面、快捷地为投标人提供决策所需要的各种服务和信息资料。

委托投标代理人必须签订代理合同,办理有关手续,明确双方的权利和义务关系。投标代理人的职责主要是:①向投标人传递并帮助其分析招标信息,协助投标人办理、通过招标文件所要求的资格审查;②以投标人名义参加招标人组织的有关活动;③提供当地物资、劳动力、市场行情及商业活动经验,提供当地有关政策法规咨询服务,协助投标人做好投标标书的编制工作,帮助递交投标文件;④在投标人中标时,协助投标人办理各种证件申领手续,做好有关承包工程的准备工作等。投标代理人按照协议的约定收取代理费用。

(四)研究招标文件,参加现场勘查和答疑会

1. 研究招标文件

招标文件是编制投标书的重要依据,取得招标文件后,一定要仔细研究,充分了解其内容、要求,及时发现需要澄清的疑点等。主要应该从合同方面、承包人责任范围和报价要求方面、技术范围和图纸要求方面进行研究。

2. 现场勘查

《中华人民共和国招标投标法》(简称《招标投标法》)第二十一条规定,招标人根据招标项目的具体情况,可以组织潜在投标人踏勘项目现场。现场的踏勘是指招标人组织潜在投标人对项目的实施现场的经济、地质、气候等客观条件和环境进行的现场调查。投标单位应参加招标单位组织的现场勘查,勘查现场的目的在于了解工程场地和周围环境情况,以获取必要的信息。现场勘查的主要内容包括:

(1)施工现场是否达到招标文件说明的条件;
(2)施工现场的地理位置和地形、地貌;
(3)施工现场的土质、地下水位等情况;
(4)施工现场气候条件,如气温、湿度、风力、年雨雪量等;
(5)现场生活环境,如交通、饮水、污水排放、生活用电、通信等;
(6)临时用地、临时设施搭建等。

3. 答疑会

投标单位在领取招标文件、图纸和有关技术资料及勘查现场后向招标单位提出疑问,招标单位可以书面形式进行解答,并将解答同时送达所有获得招标文件的投标单位,或者通过答疑会(投标预备会)进行解答,并以会议记录形式报招标管理机构核准同意后,尽快以书面形式将问题及解答同时发送到所有获得招标文件的投标单位。

(五)编制和递交投标文件

1. 编制投标文件准备工作

(1)投标单位领取招标文件、图纸和有关技术资料后,应仔细阅读"投标须知","投标须知"是投标单位投标时应注意和遵守的事项。

(2)投标单位应根据图纸核对招标单位在招标文件中提供的工程量清单中的工程项目和工程量,详细研究设计图纸和技术说明书,如发现项目或数量有误,应在收到招标文件7日内以书面形式向招标单位提出。

(3)组织投标班子,确定参加投标文件编制的人员,为编制好投标文件和投标报价,应收集现行定额标准、取费标准及各类标准图集,收集掌握政策性调价文件,以及材料和设备价格情况。

(4)研究合同的主要条款,明确中标后应承担的义务、责任及享有的权利,包括承包方式,开工和竣工时间,材料供应及价款结算办法,预付款的支付和工程款结算办法,工程变更及停工、窝工等造成的损失处理办法等。

2. 投标文件编制

(1)投标单位依据招标文件和工程技术规范要求,并根据施工现场勘查情况编制施工方案或施工组织设计。

(2)投标单位应根据招标文件要求及编制的施工方案计算投标报价,投标报价应按招标文件中规定的各种因素和依据进行计算,应仔细核对,以保证投标报价的准确无误。

(3)投标单位按招标文件要求提交投标保证金。

3. 投标文件内容

投标文件一般包括投标函部分、商务标部分和技术标部分。

1)投标函部分

投标函部分主要内容包括法定代表人身份证明及身份证复印件、公司资质(包括营业执照副本复印件、资质证书副本复印件、组织机构代码证复印件、税务登记证复印件)等。

2)商务标部分

商务标部分主要内容包括工程量清单报价、工程项目投标总价、投标报价汇总表、工程量清单计价表、综合单价分析表、主要材料表等。

3)技术标部分

技术标部分主要包括施工组织设计、进度计划图、项目管理机构配备情况、项目经理简历表、项目施工负责人简历表等。

4. 递交投标文件

投标文件编制完成后应仔细整理、核对,由相关负责人签字盖章,并按招标文件的规定进行分装、密封和标记,在招标文件要求的投标截止时间前按规定的地点递交至招标单位,并取得接收证明。在递交投标文件以后、投标截止时间之前,投标单位可以对所递交的投标文件进行修改或撤回,但所递交的补充、修改或撤回通知必须按招标文件的规定进行编制、密封和标记。补充、修改的内容为投标文件的组成部分。

(六)参加开标会议,接受询标

投标单位法定代表人或授权代理人需在投标截止后,按规定时间、地点参加开标会议。开标会议宣布开始后,应由各投标单位代表检查其投标文件的密封完整性,并签字予以确认。招标单位当众宣读评标原则、评标办法后,核查投标单位提交的证件和资料,并按照各投标单位报送投标文件时间先后的逆顺序进行唱标,即当众宣读有效标函的投标单位名称、投标报价、工期、质量、主要材料用量、修改或撤回通知、投标保证金、优惠条件,以及招标单位认为有必要的内容,并请投标单位法定代表人或授权代理人签字确认。

询标是指评标委员会对投标文件内容含义不明确的部分等向投标单位所做的询问。为了能够公正、公平、有效地评审投标文件,评标委员会可以要求投标单位对投标文件中含义不明确、对同类问题表达不一致、有明显文字和计算错误、投标文件符合招标文件实质性要求但在个别地方存在遗漏或者提供的技术信息、数据等方面有细微偏差的内容做必要的澄清、说明或者补正。投标单位对评标委员会提出的问题应据实回答,并在规定时间内以书面形式正式答复。投标人的澄清不得变更投标价格或对其投标文件进行实质性修改,且澄清内容应由法定代表人或授权代表签字。澄清、说明或补正经评标委员会讨论批准可作为投标文件的组成部分。

(七)接受中标通知书,签订合同

评标委员会评审确定中标单位后,经招标管理机构核准同意,招标单位向中标单位发放中标通知书,中标单位收到中标通知书后,按规定提交履约担保,并根据《中华人民共和国经济合同法》《建设工程施工合同管理办法》在规定时间和地点与建设单位进行合同签订。中标单位拒绝在规定的时间内提交履约担保和签订合同的,招标单位报请招标管理机构批准同意后可取消其中标资格,按规定不退还其投标保证金,并考虑与另一参加投标的投标单位签订合同。中标单位与招标单位正式签订合同后,应按要求将合同副本分送有关主管部门备案。

招标单位(建设单位)如拒绝与中标单位签订合同,除双倍返还投标保证金外还需赔偿有关损失。建设单位与中标单位签订合同后,招标单位及时通知其他投标单位其投标未被接受,按要求退回投标文件、图纸和有关技术资料,同时退回投标保证金。

二、园林工程投标策略及报价技巧

(一)园林工程投标策略

园林工程投标策略,是指园林工程承包商为了达到中标目的而在投标进程中所采用的手段和方法。其主要原则有:知彼知己,把握形势;以长制短,以优胜劣;随机应变,争取主动。

投标策略是能否中标的关键,也是提高中标效益的基础。施工企业首先根据企业的内外部情况及项目情况慎重考虑,做出是否参与投标的决策,然后选用合适的投标策略。常见投标策略有以下几种。

1. 施工组织设计策略

做好施工组织设计,采取先进的工艺技术和机械设备;优选各种植物及其他造景材料;

合理安排施工进度;选择可靠的分包单位,力求最大限度地降低工程成本,以技术与管理优势取胜。

2. 提高施工方案科学性策略

在工程施工中尽量将新技术、新工艺、新材料、新设备运用到实际项目的施工中,通过最新的施工方案,降低工程造价,提高施工方案的科学性,赢得投标成功。

3. 合理的成本估算策略

投标报价是投标策略的关键,施工企业要根据经验与实际情况做好成本分析,在保证企业相应利润的前提下,实事求是地以低报价取胜。

4. 长期发展与拓展市场策略

为了企业长期的发展,或者为站稳脚跟、争取未来的市场空间,宁可目前少赢利或不赢利,以成本报价在招标中获胜,为今后占领市场打下基础。

(二)园林工程投标报价技巧

工程投标中的报价技巧是指在工程投标中为达到中标目的所采用的报价技巧。在现实的工程投标中,适当地运用报价技巧,对于施工单位能否中标并取得合理的利润,具有重要的影响。

1. 不平衡报价法

采用不平衡报价法可以在不提高总报价的前提下,达到中标的目的。它通常是指在工程项目总报价基本确定后,适当调整总报价内部各个部分的比例。采用这种报价方法时,应根据工程项目不同特点及施工条件等来选择不平衡报价策略,详见表4-6。

表4-6 常见的不平衡报价法

序号	信息类型	变动趋势	不平衡结果
1	工程款支付的时间	早	单价高
		晚	单价低
2	工程量有变化	增加	单价高
		减少	单价低
3	暂定工程	自己承包的可能性高	单价高
		自己承包的可能性低	单价低
4	单价分析表	人工费和机械费	单价高
		材料费	单价低
5	报单价的项目	无工程量	单价高
		有假定的工程量	单价适中

在以下三方面宜采用不平衡报价的方法:

(1)支付条件良好或能够早日结账的项目,其报价可适当降低。支付条件好的项目有政府项目或银行项目,能够早日结账的项目有场地平整及土方开挖等。

(2)预计工程量会不断增加的项目或设计图纸不明确的项目,单价可适当提高,这样在最终结算时可以多获利润;工程内容解释不清楚的项目或预计工程量可能减少的项目,其单价可适当降低,工程结算时损失也会减少。

(3)任意项目,又叫暂定项目或可选择项目,对这类项目要具体分析,因为这类项目要待开工后再由业主研究决定是否实施,以及由哪家承包商实施。如果工程只由一家承包商施工,对其中肯定要做的工程,其单价可高些,不一定做的则应低些;如果工程分标,该暂定项目也可能由其他承包商施工,则应慎重考虑,不宜报高价。

2. 以退为进报价法

如果施工单位在招标文件中发现有不明确的内容,并有可能据此索赔,可以以退为进,通过报低价先争取中标,再寻找机会进行索赔。这样不仅能增加中标的机会,还可以获得合理的利润。采用此种方法,要求施工单位有丰富的施工及索赔经验。

3. 灵活报价法

灵活报价法是指根据招标工程的不同特点采用不同的报价。投标单位既要考虑自身的优势和劣势,也要分析项目的特点,按照不同的特点、类别、施工条件等来选择报价策略。如遇到施工条件差的工程或专业要求高的技术密集型工程且本单位有相应专长,可以相对报高价;遇到总价低的小工程,以及自己不愿意做、又不方便不投标的工程,可以相对报高价;特殊工程可以相对报高价;工期要求急的工程可以相对报高价;投标对手少的工程可以相对报高价;支付条件不理想的工程等可以相对报高价。反之,施工条件好的工程可适当低价;工作简单、工程量大、一般单位都能施工的工程可适当低价;本企业在新地区开发市场或该地区的其他工程即将结束,机械设备无工地转移时,可适当低价;本企业在该地区有在建工程,招标项目能利用其现有的设备、劳力资源,或短期内能突击完成的工程,可适当低价;投标对手多、竞争激烈的工程可适当低价;支付条件好的工程等报价需稍微低些。

4. 暂定工程量的报价

暂定工程量有三种。第一种是业主规定了暂定工程量的分项目内容和暂定总价款,并规定所有投标人都须在总报价中加入这笔暂定金额,但由于分项工程量不很准确,允许将来按投标人所报单价和实际完成的工程量付款,又因暂定总价款是固定的,对各投标人的总报价没有影响,所以其单价可适当提高。第二种是列出了暂定工程量的项目和数量,但并没有限制这些工程量的估算总价款,要求投标人既列出单价,也按暂定项目的数量计算总价,在将来结算时,可按实际完成的工程量和所报单价支付。处理这种情况,难度较大,投标人应慎重考虑。单价定得较高,将会增大总报价,影响竞争力和中标后的利润;单价定得较低,将来这类工程量加大,则会影响利润。第三种情况,只规定暂定工程的一笔固定总金额,由业主确定。这种情况对投标报价没有实际影响。

5. 多方案报价法

对于一些招标文件,如果发现工程范围不很明确、条款不清楚或很不公正、技术规范要求过于苛刻,则要在充分估计投标风险的基础上,按多方案报价法处理。也就是按原招标文件报一个价,再提出,如果某因素在某种情况下变动,报价可降低多少,由此可报出一个较低的价,这样可以降低总价,吸引业主。

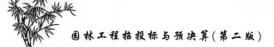

6. 增加建议方案

有时招标文件中规定,可以对原方案提出某些建议。投标者这时应抓住机会,组织一批有经验的设计和施工人员对原招标文件的设计和施工方案进行仔细研究,提出更为合理的方案,或者可以降低总造价或缩短工期,以吸引业主,促成自己方案中标。如通过研究图纸,发现有明显不合理之处,可提出改进设计的建议和能确实降低造价的措施。在按原方案报价的同时,再按建议方案报价。但要注意,建议方案不要太深入、具体,要保留方案的技术关键。同时要强调的是,建议方案一定要比较成熟,有很好的可行性和可操作性。

7. 突然降价法

投标报价中各竞争对手往往在报价时采取迷惑对手的方法,即先按一般情况报价或报出较高的价格,以表现出自己对该工程兴趣不大,到快投标截止时,再突然降价。采用这种方法时,一定要在准备投标报价的过程中考虑降价的幅度,在临近投标截止日期前,根据情报信息与分析判断,再做最后决策。

8. 无利润投标法

采用无利润投标法有以下几种情况:

(1)对于分期建设的项目,先以低价获得首期项目,而后赢得机会创造第二期工程中的竞争优势,并在以后的项目实施中赚得利润。

(2)某些施工企业其投标的目的不在于从当前的工程上获利,而是着眼于长远的发展,如为了开辟市场、掌握某种有发展前途的工程施工技术等。

(3)在一定的时期内,施工企业没有在建的工程,如果再不得标,就难以维持生存,所以在报价中可能只要一定的管理费用,以维持企业的日常运转,渡过暂时的难关后,再图发展。

9. 联保法和捆绑法

联保法指在竞争对手众多的情况下,由几家实力雄厚的承包商联合起来控制标价,各家确保一家投标单位先中标,随后在第二次、第三次招标中,再用同样办法保第二家、第三家投标单位中标。这种联保方法在实际的招投标工作中很少使用。捆绑法比较常用,即两三家公司,其主营业务类似或相近,单独投标会出现经验、业绩不足或工作负荷过大而造成高报价,失去竞争优势,因此以捆绑形式联合投标,做到优势互补、规避劣势、利益共享、风险共担,相对提高了竞争力和中标概率。这种方法目前在国内许多大项目中被使用。

三、商务标书的编制

(一)商务标书的编制内容

商务标书的格式文本较多,各地都有自己的文本,根据《建设工程工程量清单计价规范》(GB 50500—2013)的规定,商务标投标文件应包括以下内容:

(1)投标标书及投标标书附录;
(2)投标担保或投标银行保函,投标授权委托书;
(3)投标总价及工程项目总价表;
(4)单项工程费汇总表;
(5)单位工程费汇总表;

(6)分部分项工程量清单计价表;
(7)措施项目清单计价表;
(8)其他项目清单计价表;
(9)零星工程项目计价表;
(10)分部分项工程量清单综合单价分析表;
(11)项目措施费分析表和主要材料价格表。

(二)商务标书投标报价的编制原则

投标报价的编制主要是投标单位对承建招标工程所要发生的各种费用的计算,在进行投标计算时必须进一步复核招标文件工程量,预先确定施工方案和施工进度,此外投标计算还必须与采用的合同形式相协调。报价是投标的关键性工作,报价是否合理直接关系到投标的成败。投标报价编制原则如下:

(1)投标报价由投标人自主确定,但必须执行《建设工程工程量清单计价规范》的强制性规定。投标价应由投标人或受其委托、具有相应资质的工程造价咨询人员编制。

(2)以招标文件中设定的承发包双方工作范围责任划分,作为考虑投标报价费用项目和费用计算的基础;根据工程承发包模式考虑投标报价的费用内容和计算深度。

(3)以施工方案、技术措施等作为投标报价计算的基本条件;以反映企业技术和管理水平的企业定额作为计算人工、材料和机械台班消耗量的基本证据。充分利用现场考察、调研成果、市场价格信息和行情资料,编制基价并确定调价方法。

(4)投标报价计算方法要科学严谨、简明适用。

(三)商务标书投标报价的编制依据

投标报价应根据下列依据编制:
(1)《建设工程工程量清单计价规范》(GB 50500—2013)。
(2)国家或省级、行业建设主管部门颁发的计价办法。
(3)企业定额及国家或省级、行业建设主管部门颁发的计价定额。
(4)招标文件,包括工程量清单及其补充通知、答疑纪要。
(5)建设工程项目的设计文件及相关资料。
(6)施工现场情况、工程项目特点及拟定的投标施工组织设计或施工方案。
(7)与建设项目相关的标准、规范等技术资料。
(8)市场价格信息或工程造价管理机构发布的工程造价信息。
(9)其他相关资料。

(四)商务标书投标报价的编制方法

1. 以工程量清单计价模式投标报价

以工程量清单计价模式投标报价是与市场经济相适应的投标报价方法,也是国际通用的竞争性招标方式所要求的。一般是由工程造价咨询企业根据业主委托,将拟建招标工程全部项目和内容按相关的计算规则计算出工程量,列在清单上作为招标文件的组成部分,供投标人逐项填报单价并计算出总价,作为投标报价,然后通过评标竞争,最终确定合同价。报价流程详见图4-4。投标者填报单价时,单价应完全依据企业技术、管理水平等企业实力而定,以满足市场竞争的需要。

我国工程造价改革的总体目标是形成以市场价格为主的价格体系。《建设工程工程量清单计价规范》(GB 50500—2013)规定,自 2013 年 7 月 1 日起全部使用国有资金投资或以国有资金投资为主的工程建设项目必须采用工程量清单计价。非国有资金投资的工程建设项目,可采用工程量清单计价。

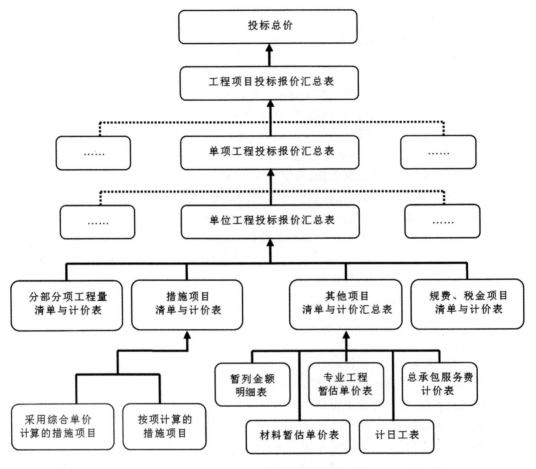

图 4-4　工程量清单计价模式投标报价流程

2. 以定额计价模式投标报价

采用预算定额计价模式编制投标报价,即按照定额规定的分部分项工程分别由招标单位和投标单位按图计算工程量,套用定额基价或根据市场价格确定直接费,然后再按规定的费用定额计取各项费用,最后汇总形成标价。在实行工程量清单计价方法之前,主要采用此法。自清单计价实施以来,仅有部分非国有资金投资的工程建设项目采用定额计价。

四、技术标书的编制

技术标书的编制是指根据拟投标项目工程的特点和施工现场的实际情况等编制用于指导工程施工的技术性文件。其核心内容是如何科学合理地安排好劳动力、材料、设备、资金和施工方法这五个主要的施工要素,根据工程的特点和要求,以先进的、科学的施工方法与组织手段将人力和物力、时间和空间、技术与经济、计划和组织等诸多因素合理优化配置,从而保证施工任务根据质量要求按时完成。园林工程项目技术标书包括障碍拆除、园林绿化、园林建筑、安装工程等图纸范围内的全部内容,还包括文明施工措施及工程量清单上注明的其他内容。

(一)技术标书编制的依据

(1)工程招标文件及有关设计图纸、施工图纸;
(2)施工现场实际情况和周围环境(地质条件和气象状况);
(3)现行的国家园林绿化工程施工与验收规范及行业标准;
(4)国家、省、市有关安全文明施工的标准和规定;
(5)投标单位原有同类工程所投入施工技术力量和机械设备等的情况。

(二)园林工程技术标的主要内容

(1)工程概况。需简明扼要地阐述工程的地理位置、总面积等。

(2)施工准备计划。包括配备现场项目经理等管理人员,施工队伍的培训及落实,主要材料的采购,管理人员和施工人员的办公用房及生活用房的落实措施等。

(3)施工技术方案。这是技术标书的核心内容,体现了施工企业的施工技术水平及管理能力。首先,要制订出科学合理、可操作性强的施工流程;其次,根据施工流程,制订出详细的施工操作方案,进一步阐述每个流程中应掌握的技术要点和注意事项,要充分考虑周围环境和气候特点;最后,"三分种,七分养",不能忽略养护期的管理,在整个养护期要针对不同的季节做好所种植苗木的病虫害防治、防旱、防涝、修剪、施肥、松土、除草等管理工作。

(4)施工进度计划。此项内容通常是以表格的形式加以表达的,在表中要具体列出每项内容所需的施工时间,哪些内容的施工可同时进行或交叉进行。如果没有特殊情况,那么该表所列的时间也就是完成整个工程所需的时间。制作该表时,既要注意听取投资方的意见,也要考虑到客观的施工条件以及实际的工程量,不可只为满足投资方的要求而违背客观规律,盲目制订计划。

(5)人力、物力配备情况。该项内容通常可用文字或表格两种方式表达。所谓人力、物力配备,就是根据工程各分项内容的需要,科学地安排劳动力和工具设备。劳动力的配备既不能太多,以免人浮于事,造成劳动力成本增加,也不能过少而影响工程的进展。劳动力配备时还要注意技能的搭配。同样,工具设备不仅要准备充分,而且要检查其是否完好及运行状况,只有如此才能保质保量,如期完成向投资方所做出的工期承诺。

(6)施工质量的保证措施。主要是强调如何从技术和管理两方面来保证工程的质量,通常应包括现场技术管理人员的配备,管理网络,如何做好设计交底、保证按图施工,建立质量检查和验收制度等。

(7)安全文明施工技术。安全生产是关系到人员生命安全、保证招投标方财产不受损失的重要环节。施工企业在施工期间,必须严格遵守文明施工的管理条例,建立安全管理网络,落实安全责任制,杜绝无证操作现象,努力把安全工作做到"纵向到底、一环不漏、横向到边、人人负责",根据工程的实际情况,制订相应的文明管理措施,如工地材料堆放整齐,认真搞好施工区域、生活区域的环境卫生,确保工地食品采购渠道的安全可靠等。

(三)技术标书的审查、修改与打印装订

1. 审查

一般情况，标书编制的时间都比较短，且内容又比较多，在标书中难免会有错误出现，因此，技术标书完成后，标书审查是必不可少的。审查的内容主要包括：标书的统一性与一致性；对招标文件的响应性和符合性；工期安排是否合理及能否满足招标文件的要求；机械设备是否齐全，机械配置是否合理；组织机构和专业技术力量能否满足施工需要；施工组织设计是否合理可行；工程质量保证措施是否可靠等。

2. 修改

标书审查时会指出相应的不足、缺陷或错误，标书编制人应根据审查的结果，结合该投标项目实际情况确定标书修改的原则、方法与具体要求，进行具体的补充、完善及修改，并由总体协调人审核修改的情况，最后定稿。

3. 打印装订

标书的打印输出是标书后期工作的重要一环，因为标书的打印输出工作量大，打印输出的质量直接影响到标书的观感效果和标书的总体质量。标书必须按照招标文件规定的格式、内容填写，要做到版面整洁、统一合理、整齐美观。

在标书全部校对无误后，统一对标书进行装订，装订的格式及要求要根据具体条件及投标对象的要求、投标对手的情况确定。

◆ 学习任务

明确如何根据某园林工程招标文件、施工图，编制该园林工程含施工组织设计的技术标书。

◆ 任务分析

技术标书对于投标单位而言，是针对投标工程应投入的人力、物力、财力进行的合理计划，也是控制工程施工进度、保证施工质量的一个自我约定，更是对建设方所做出的一个重要书面承诺；对于建设方来说，它是用于监督和检查工程质量以及掌握工程进度的一个重要依据。因此，投标单位决不能只重视商务标书而轻视技术标书，高质量的技术标书可体现施工单位在管理和技术上的能力，同时，也是确保圆满完成工程施工任务的一个重要前提。

◆ 任务实施

一、技术标书编制准备

(一)认真研读招标文件和设计图纸

1. 研读招标文件

通过深入研究相关招标文件，了解、熟悉整个工程概况以及相关事宜，明确招标内容，并就投标范围、项目开工及竣工时间要求、主要节点等进行分析，进一步明确工程质量要求、工期要求以及安全目标。同时，还要查看、了解招标文件中对相关技术标的具体要求与评标办

法,并根据评标办法中的分值设置来调整技术标书编制的重点。

2. 研读设计图纸

研读设计图纸及有关资料主要是为了了解拟投标工程项目的建筑、结构、苗木等情况,是投标单位编制组织设计的基础,投标单位只有掌握了投标工程中各专业工程项目的情况才能编制施工方案和施工进度计划、安排劳动力等。要着重找出工程在施工中的重点和难点,并要有有针对性的解决措施。

工程重点一般是指工程量大、工期占用时间长、对整个工程的完成起主导作用的工程部位的施工或业主招标文件中指定的重点工程。对重点工程,要编制单独的施工方案,详细编写保证其工期和施工质量的方法。一般可从技术、人工、材料、机械、运输、管理等几个方面进行编写。

工程难点是指技术要求高、施工难度大的工程部位的施工。例如,对于苗木栽植反季节施工项目,要科学合理地提出确保苗木成活的施工方案和养护管理办法,这是工程难点,能反映出一个园林施工企业的整体实力,这部分内容要详写,图文并茂,语言简练。

(二)认真勘查施工现场的环境

在做技术标时,必须充分了解和分析工程所处的环境条件。每一个工程都有不同的立地条件,只有充分考虑到这些客观因素,制定的技术标书才会有明确的针对性。

(三)突出设计主题和自身技术优势

必须仔细研究设计的主题立意,提炼设计的中心内容,并科学说明采用的新材料、新方法、新工艺,以突出自身的技术优势。

(四)认真听取招标单位对项目施工的补充要求

在充分了解和明确招标文件与设计图纸内容之后,务必要了解投资方有什么新的意向,主观上还有什么设想。应在不违反招标文件规定、不影响工程施工质量的前提下,尽可能考虑和吸纳投资方的主观意向。这样制定出来的技术标书将更具有竞争力。

二、召开施工组织设计方案会

施工组织设计方案会应由工程技术部门、经济预算部门及有关人员参加。

工程技术部门负责介绍工程概况、招标文件的要求、现场踏勘及标前会议情况,然后提出初步的施工组织设计方案,并指出其重点、难点以及需要讨论确定或需要进一步优化的方案,供与会者讨论、比较、分析、研究,最后形成一个统一的施工组织设计方案。方案应做到合理、优化,并完全响应招标文件的要求,实现设计者或业主的意图。

三、技术标书编写阶段

(一)确定技术标书编制目录及施工目标

1. 精心确定编制目录

目录用于表明技术标书的结构和顺序,它反映了项目实施的思路,能让人一目了然。目录应该大小标题明确，错落有致，上下关联。小标题尽可能详细些，以示方案中的具体内容，并附上页数，便于查阅。评标期间评审人员一般不可能逐页细读标书，往往是先整体了解，再重点细部阅读，查看目录便是整体了解的手段，评审人员以此来判断方案的内容是否齐全、何为重点、条理是否清晰等，进而建立对技术标书的初步印象。

一般来说，业主在招标文件中对投标文件的内容与格式都有一定的要求，投标单位一定要根据该要求和评标得分点编制目录，所有得分点要编制到投标文件的目录中并尽量在级别较高的标题上体现。确定目录之前，应详细、反复阅读招标文件中有关的内容，以便编出全面的、完全响应招标文件要求的目录来。如果招标文件没有明确的要求，则根据以往同类型工程或同地区、同业主以往的要求与习惯来确定投标文件的目录。

2. 确定施工目标

根据招标文件要求，确定好该项目的施工目标，主要有工程工期目标、质量目标、安全目标、现场管理目标以及应用新技术、管理机构设置和主要管理人员到位目标等。

(二)编制施工技术方案

施工技术方案是技术标书的核心内容，它应体现施工企业的施工技术水平及管理能力。

1. 制订施工流程

施工流程的安排要科学、合理，可操作性强。如绿化工程可以按照以下流程进行：进场→场地清理→进土和土方造型→土壤测试和改良→定点放样→挖种植穴→大苗种植(含种植前的疏枝和修剪)→树木支撑→场地平整→小苗种植→种植地被植物→清理场地→工程养护(含苗木补植)→办理移交。

2. 制订施工操作方案

根据工程项目的施工流程，制订出详细的施工操作方案，进一步阐述各施工程序的技术要点和注意事项。所表述的内容一定要有针对性，要充分考虑周围环境的立地条件和气候特点，切忌照搬照抄，毫无特色。

3. 编写并审查重点及难点工程施工方案

在编写施工技术方案时重点工程要单独编写，工程难点要详细说明，着重说明该工程完成的技术措施、组织保障等。评标过程中评审人员一般会对此部分仔细审查，此部分也是技术标书重要的得分点。

(三)编制施工进度计划

施工进度计划应按施工方案中的施工流程及招标文件中要求的工期安排。一般常用网络计划图和横道图两种形式表示。

网络计划图不仅能反映施工生产计划安排情况，还反映出各工种的分解及相互关系，以及操作的时空关系、施工资源分布的合理程度等。评标时评审人员主要看计划总工期能否达到标书要求，工程各分部、分项工作的施工节拍是否合理，各工种衔接配合是否顺畅，施工资源的流向是否合理均匀，关键线路是否明确，机动时间是否充分，有无考虑季节施工的不利影响等，对工程计划安排的可行性、合理性做出判断。此外，还可从网络计划图的编制水平看出编制人员的技术水平、企业的生产管理水平等。因此，网络计划图中的每一个节点和箭头都要经得起推敲，同时还不能过于烦琐，要着重于主要的分部、分项工程安排的逻辑和

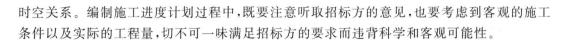

时空关系。编制施工进度计划过程中,既要注意听取招标方的意见,也要考虑到客观的施工条件以及实际的工程量,切不可一味满足招标方的要求而违背科学和客观可能性。

(四) 编制施工组织方案

施工组织方案就是技术标中的施工组织总体方案。施工组织方案包括施工任务分解、施工队伍分工、施工组织安排等内容,简单来说,就是按照工程特点和要求进行任务划分,安排几个施工队伍,怎么组织协调按质、按期、安全地完成施工任务。编制时应注意:施工任务的划分要使各施工队的工程任务尽量均衡;各施工队的工作分工和职责要明确;施工组织安排要合理。

(五) 绘制施工总平面图

施工总平面图即施工现场平面布置图,可集中反映现场生产方式、主要施工设备的投入及布置。施工现场按照功能可划分为施工作业区、辅助作业区、材料堆放区和办公生活区。具体包括如下内容:

(1) 拟施工区域的位置、平面轮廓;
(2) 施工机械设备的位置;
(3) 施工现场内外运输道路;
(4) 临时供水、排水管线、消防设施;
(5) 临时供电线路及变配电设施位置;
(6) 施工临时设施位置;
(7) 物料堆放位置与绿化区域位置;
(8) 围墙与入口位置等。

从搅拌站、夯压机械、运输机械等大型机械设备的选择和布置,可以看出现场施工工程材料的组织运动形式;材料堆场及临时设施的规模等可反映出工程的规模以及企业施工资源的集结程度;从水、电、通信、监控设备的布置可以看出施工的整体实力;现场设备的数量、性能等则反映了施工生产的主要方式和难易程度等。因此,一份好的施工现场平面布置图就如同一份简易的施工方案,是施工生产的技术、安全、文明、进度、现场管理等的形象、简明的表述,也是评标过程会重点评审的部分。

(六) 确定人、材、机计划

人、材、机计划内容通常用表格形式表达。所谓人、材、机(又称工、料、机)计划,就是根据工程各分项内容的需要,结合施工进度、施工技术及组织方案等科学地安排诸要素。劳动力的配备既不能太多也不能过少,同时要注意技能人员的搭配;管理人员,除了其资历应满足要求外,还要是有类似工程施工经验的专业人员。材料用量及进场计划应根据工程量及工程总进度计划安排。同样,施工机械必须类型齐全、配套完整,并能满足施工质量和进度要求,其运行状况应满足工程以及施工安全的要求。

(七) 编制保证质量和工期等的措施

编制各项保证措施一定要以工程招标文件的具体要求为基准,要仔细推敲、斟酌招标文件相关条款的具体要求,读懂读透,确保不丢项、漏项,尤其是对分值较高、影响较大的项目。

编制时一定要明确各项措施的控制目标。要结合工程实际情况及投标人自身实力与特点,从施工的实际需要出发,通过综合分析,制订出有针对性、实效性、可操作性的保障措施,不能照本宣科、泛泛而谈,要真正起到保证施工进度,确保施工质量和安全,科学、合理、有序地指导施工的作用。

任务考核表见表4-7。

表 4-7 任务考核表 11

序号	考核内容	考核标准	配分	考核记录	得分
1	技术标书的内容构成和格式	是否采用正确的标书编制的步骤和格式	20		
2	根据施工图编制施工组织设计的具体内容	编制的内容是否完善正确	10		
3	施工组织部署	是否正确	5		
4	施工进度计划及工期保证措施	是否合理	10		
5	施工技术措施	是否合理	30		
6	施工质量目标及保证措施	是否有效	5		
7	文明施工和安全生产措施	是否有效	5		
8	施工机械配置	是否合理	5		
9	施工合理化建议和降低成本措施	是否有效	5		
10	工程质量通病防治措施	是否有效	5		
	合计		100		

施工组织设计编制要求

(1)施工组织设计的内容应具有真实性,能够客观反映实际情况。

(2)施工组织设计的内容应涵盖项目的施工全过程,做到技术先进、部署合理、工艺成熟,针对性、指导性、可操作性强。

(3)施工组织设计中分部分项工程施工方法应在实施阶段细化,必要时可单独编制。

(4)施工组织设计中大型施工方案的可行性在投标阶段应经过初步论证,在实施阶段应进行细化并审慎详细论证。

(5)施工组织设计涉及的新技术、新工艺、新材料和新设备应用,应通过有关部门组织的鉴定。

(6)施工组织设计的内容应包括常规内容和施工方法,同时,根据工程实际情况和企业素质,可增设内容。

复习提高

由专任教师提供包含园林绿化、园路、园桥、景观等内容的工程施工图,并在校园内或者实训基地内指定某区域为该工程的施工现场,教师结合实际设定真实工作情境,由学生分组编制该区域内的园林工程施工组织设计或园林工程技术标书。

任务3　园林工程开标、评标与中标

能力目标

1. 了解建设工程施工开标、评标与中标的概念;
2. 熟悉建设工程施工开标、评标与中标的程序;
3. 掌握评标的基本方法,并能理论联系实际,进行案例分析,解决实际问题。

知识目标

1. 掌握开标、评标、中标的基本概念;
2. 掌握开标、评标、中标的程序及注意事项;
3. 掌握开标会议的程序及评标的方法。

基本知识

一、开标

园林工程开标是指在投标人提交投标文件后,招标人按照招标文件规定的时间和地点,公开邀请所有投标人前来现场并当众开启投标人提交的投标文件,公开宣布投标人的名称、投标价格及其他主要内容的行为。

(一)开标时间

开标时间是指招标人或招标代理机构公开发布的招标文件中确定的关于投标人提交投标文件的截止时间和招标人举办开标会议的时间,应具体确定到某年某月某日几时几分(北京时间),比如开标时间为2021年10月25日09:00(北京时间)。

开标时间理论上应与提交投标文件的截止时间相一致。将开标时间规定为提交投标文件截止时间的同一时间,目的是防止招标人或者投标人利用提交投标文件的截止时间以后与开标时间之前的一段时间间隔做手脚,比如投标人可能会利用这段时间与招标人或招标代理机构串通,对投标文件的实质性内容进行更改等。

关于开标的具体时间,实践中常会有两种情况:①开标地点与提交投标文件的地点相一致,则开标时间与提交投标文件的截止时间应一致;②开标地点与提交投标文件的地点不一致,则开标时间与提交投标文件的截止时间应有合理的时间间隔。

(二)开标地点

开标地点是指招标人或招标代理机构按照发布的招标文件确定的关于投标人提交投标

文件和招标人举办开标会议的场所,应具体确定到房间号,比如工程开标地点为某省某市某区某路2号楼201会议室。

为了使所有投标人都能事先知道开标地点,并能够按时到达,开标地点应当在招标文件中事先确定,确保每一个投标人都能事先为参加开标活动做充分的准备,如根据情况选择适当的交通工具,并提前做好机票、车票的预订工作等。招标人若确有特殊原因,需要变动开标时间和开标地点,则应以书面形式通知所有招标文件的收受人。招标文件的澄清和修改均应在通知招标文件收受人的同时,报工程所在地的县级以上人民政府建设行政主管部门备案。

(三)开标的参与者

《招标投标法》第三十五条规定,开标由招标人主持,邀请所有投标人参加,因此,对于开标的参与,应注意三个问题:

(1)开标由招标人主持。

开标由招标人主持,也可以委托招标代理机构主持。在实际招标投标活动中,绝大多数委托招标项目,开标都是由招标代理机构主持的。

(2)投标人自主决定是否参加开标。

《工程建设项目货物招标投标办法》第四十条明确规定:"投标人或其授权代表有权出席开标会,也可以自主决定不参加开标会。"招标人邀请所有投标人参加开标是法定的义务,投标人自主决定是否参加开标会是法定的权利。

(3)其他的人员可以依法参加开标。

根据项目的不同情况,招标人可以邀请除投标人以外的其他方面相关人员参加开标。根据《招标投标法》第三十六条的规定,招标人可以委托公证机构对开标情况进行公证。《政府采购货物和服务招标投标管理办法》第三十八条规定:"采购人或者采购代理机构应当对开标、评标现场活动进行全程录音录像。录音录像应当清晰可辨,音像资料作为采购文件一并存档。"第四十条规定:"开标由采购人或者采购代理机构主持,邀请投标人参加。评标委员会成员不得参加开标活动。"在实际的招标投标活动中,招标人经常邀请行政监督部门、纪检监察部门等参加开标,对开标程序进行监督。

(四)开标会议流程

开标会议主要有14个步骤,具体如下。

1. 招标人签收投标人递交的投标文件

在开标当日递交投标文件的,应当填写投标文件报送签收一览表,由招标人安排专人负责接收投标人递交的投标文件。提前递交的投标文件也应当办理签收手续,由招标人携带至开标现场。在招标文件规定的截标时间后递交的投标文件不得接收,由招标人原封退还给有关投标人。在截标时间前递交投标文件的投标人少于三家的,招标无效,开标会即告结束,招标人应当依法重新组织招标。

2. 出席开标会的投标人代表签到

投标人授权出席开标会的代表本人填写开标会签到表,招标人安排专人负责核对签到人身份,签到人身份应与签到的内容一致。

3. 开标会主持人宣布开标会开始

主持人宣布开标会开始。

主持人一般为招标人代表,也可以是招标人指定的招标代理机构的代表。

4. 开标会主持人介绍主要与会人员

主要与会人员包括到会的招标人代表、招标代理机构代表、各投标人代表、公证机构公证人员、见证人员、开标人、唱标人、记录人及监督人员等。

开标人一般为招标人或招标代理机构的工作人员。

唱标人可以是投标人的代表或者招标人或招标代理机构的工作人员。

记录人由招标人指派,并按开标会记录的要求进行记录。

监督人员是招标管理机构监管人员或招标管理机构授权的工作人员。

5. 主持人宣布开标会纪律

主持人宣布开标会程序、开标会纪律和当场废标的条件。

开标会纪律一般包括:场内严禁吸烟;凡与开标无关人员不得进入开标会场;参加会议的所有人员应关闭手机等,开标期间不得高声喧哗;投标人代表有疑问应举手发言,参加会议人员未经主持人同意不得在场内随意走动。

投标文件有下列情形之一的,应当场宣布为废标:未按招标文件要求密封的;无单位和法定代表人或法定代表人委托的代理人印鉴的;未按规定格式填写,内容不全或字迹模糊、辨认不清的;逾期送达的;投标人未参加开标会议的。

6. 核对投标人授权代表的相关资料

招标人代表出示法定代表人委托书和有效身份证件,同时招标人代表当众核查投标人的授权代表的授权委托书和有效身份证件,确认授权代表的有效性,并留存授权委托书和身份证件的复印件。法定代表人出席开标会的,要出示其有效证件。

主持人还应当核查各投标人出席开标会代表的人数,无关人员应当退场。

7. 主持人宣布投标文件截止和实际送达时间

主持人宣布招标文件规定的递交投标文件的截止时间和各投标人的投标文件实际送达时间。在截标时间后送达的投标文件应当场废标。

8. 招标人、投标人代表共同检查各投标书密封情况

招标人和投标人的代表共同检查各投标书密封情况,也可以由招标人委托的公证机构检查并公证,密封不符合招标文件要求的投标文件应当场废标,不得进入评标环节。密封不符合招标文件要求的,招标人应当通知招标管理机构监管人员到场见证。

9. 主持人宣布开标和唱标次序

一般按投标书送达时间逆序开标、唱标。

10. 唱标人依唱标顺序依次开标并唱标

经确认无误的投标文件由指定的开标人在监督人员及与会代表的监督下当众拆封,拆封后应当检查投标文件组成情况并记入开标会记录。开标人应将投标书、投标书附件以及招标文件中规定需要唱标的其他文件交由唱标人进行唱标。唱标时需宣读投标人名称、投标价格和投标文件的其他主要内容。其他主要内容是指投标报价有无折扣或者价格修改

等,如果要求或者允许报替代方案的话,应包括替代方案投标的总金额,还应包括工期、质量、投标保证金等。在递交投标文件截止时间前收到的投标人对投标文件的补充、修改也同时要宣布。在递交投标文件截止时间前收到投标人撤回其投标的书面通知的投标文件不再唱标,但须在开标会上说明。这样做的目的在于,使全体投标者了解各家投标者的报价和自己在其中的顺序,了解其他投标单位的基本情况,以充分体现公开开标的透明性。

11. 开标会记录签字确认

开标会记录人应当如实记录开标过程中的重要事项,包括开标时间、开标地点、出席开标会的各单位及人员、唱标记录、开标会程序、开标过程中出现的需要评标委员会评审的情况,有公证机构出席公证的还应记录公证结果。投标人的授权代表应当在开标会记录上签字确认,对记录内容有异议的可以注明,但必须对没有异议的部分签字确认。

12. 公布标底

招标人设有标底的,标底必须公布。由唱标人公布标底。

13. 相关文件送封闭评标区封存

投标文件、开标会记录等送封闭评标区封存。

14. 主持人宣布开标会结束

由主持人宣布开标会结束,进入评标阶段。

(五)开标前注意事项

(1)投标者明确开标时间和开标地点,提前到达现场。

(2)开标现场需要投标者携带身份证原件、授权委托书、招标文件、投标文件、营业执照、资质证书、安全生产许可证、法定代表人证明、双面胶、透明胶、胶棒、小刀、签字笔、开标记录表、U盘两个(其中一个备用)、计算器等。有些开标地点还需携带介绍信。

(3)开标时要保证标书密封、完好无损。

(4)投标内容包括投标文件正本、投标文件副本、投标文件资格候审文件、投标光盘(电子辅助评标时的评标光盘及密码)、唱标单以及授权委托书。

(5)招标人对在招标文件要求提交投标文件的截止时间前收到的所有投标文件,开标时都应当当众予以拆封,不能遗漏,否则就构成对投标人的不公正对待。对在招标文件所要求的提交投标文件的截止时间以后收到的投标文件,若未及时拒收,则应不予开启,原封不动地退回。如果对截止时间以后收到的投标文件也进行开标的话,则有失公正,也是一种违法行为。

二、评标

园林工程评标是指招标人根据招标文件的要求,对投标人所报送的投标资料进行审查,对其中介绍的工程施工组织设计、报价、质量、工期等条件进行评比和分析,从中选出最佳投标人的过程。评标是招标投标活动中十分重要的阶段,评标是否真正做到公平、公正,决定着整个招标投标活动是否公平和公正。评标的质量决定着招标人能否从众多投标竞争者中选出最能满足招标项目各项要求的中标者。

(一)评标委员会

评标应由招标人依法组建的评标委员会负责,即由招标人按照法律的规定,挑选符合条件的人员组成评标委员会,负责各投标文件的评审工作。对于依法必须进行招标的项目,即法定强制招标的项目,其评标委员会由招标人的代表和有关技术、经济等方面的专家组成,成员人数为5人以上单数,其中技术、经济等方面的专家不得少于成员总数的2/3。对法定强制招标项目以外的自愿招标项目的评标委员会的组成,根据相关法律规定,招标人可以自行决定。招标人组建的评标委员会应按照招标文件中规定的评标标准和方法进行评标工作,对招标人负责,从投标竞争者中评选出最符合招标文件各项要求的投标者,最大限度地实现招标人的利益。

1. 人员组成

评标委员会须由下列人员组成:

(1)招标人的代表。

招标人的代表参加评标委员会,可以在评标过程中充分表达招标人的意见,与评标委员会的其他成员进行沟通,并对评标的全过程实施必要的监督。

(2)相关技术方面的专家。

由招标项目相关专业的技术专家参加评标委员会,对投标文件所提方案的技术可行性、合理性、先进性和质量可靠性等技术指标进行评审比较,可以确定在技术和质量方面确能满足招标文件要求的投标。

(3)经济方面的专家。

由经济方面的专家对投标文件所报的投标价格、投标方案的运营成本、投标人的财务状况等投标文件的商务条款进行评审比较,可以确定在经济上对招标人最有利的投标。

(4)其他方面的专家。

根据招标项目的不同情况,招标人还可聘请除技术专家和经济专家以外的其他方面的专家参加评标委员会。比如,对一些大型的项目,可聘请法律方面的专家参加评标委员会,以对投标文件的合法性进行审查把关。

2. 成员人数

评标委员会成员人数须为5人以上单数。评标委员会成员人数过少,不利于从经济、技术各方面对投标文件进行全面的分析比较,难以保证评审结论的科学性、合理性。评标委员会成员人数也不宜过多,否则会影响评审工作效率,增加评审费用。评标委员会成员人数须为单数,以便于在各成员评审意见不一致时按照多数通过的原则产生评标委员会的评审结论,推荐中标候选人或直接确定中标人。

3. 专家人数

评标委员会成员中,有关技术、经济等方面的专家人数不得少于成员总数的2/3,以保证各方面专家人数在评标委员会成员中占多数,充分发挥专家在评标活动中的权威作用,保证评审结论的科学性、合理性。

4. 专家条件

一般参加评标委员会的专家应当同时具备以下条件:

(1)从事相关领域工作满8年。

(2)具有高级职称或者具有同等专业水平。

具有高级职称,即具有经国家规定的职称评定机构评定,取得了高级职称证书。此类专家包括高级工程师,高级经济师,高级会计师,正、副教授,正、副研究员等。对于某些专业水平已达到与本专业具有高级职称的人员相当的水平,有丰富的实践经验,但因某些原因尚未取得高级职称的专家,也可聘请其作为评标委员会成员。

《招标投标法》第三十七条规定:评标专家由招标人从国务院有关部门或者省、自治区、直辖市人民政府有关部门提供的专家名册或者招标代理机构的专家库内的相关专业的专家名单中确定;一般招标项目可以采取随机抽取方式,特殊招标项目可以由招标人直接确定。与投标人有利害关系的人不得进入相关项目的评标委员会;已经进入的应当更换。评标委员会成员的名单在中标结果确定前应当保密。

(二)评标的原则

1. 公平、公正、科学、择优

招投标相关的法律法规规定,评标活动要遵循公平、公正、科学、择优的原则。为了体现公平和公正的原则,招标人和招标代理机构应在制作招标文件时,依法选择科学、合理的评标方法和标准,不得含有倾向或者排斥潜在投标人的内容,不得妨碍或者限制投标人之间的竞争;招标人应依法组建合格的评标委员会;评标委员会应依法评审所有投标文件,择优推荐中标候选人。

2. 严格保密

严格保密的措施涉及多方面,包括:评标地点保密;评标委员会成员的名单在中标结果确定之前保密,以防止有些投标人对评标委员会成员采取贿赂等手段,以谋求中标;与投标人有利害关系的人不得进入相关项目的评标委员会,若已经进入评标委员会,应当按照法律规定更换,该评标委员会的成员自己也应当主动退出;评标委员会成员在封闭状态下开展评标工作,评标期间不得与外界有任何接触,对评标情况承担保密义务;招标人、招标代理机构或相关主管部门等参与评标现场工作的人员,均应承担保密义务。

3. 独立评审

《招标投标法》第三十八条规定,任何单位和个人不得非法干预、影响评标的过程和结果。《招标投标法实施条例》第四十八条规定,招标人应当向评标委员会提供评标所必需的信息,但不得明示或者暗示其倾向或者排斥特定投标人。评标委员会受招标人委托,依法运用其知识和技能,根据法律规定和招标文件的要求,独立对所有投标文件进行评审和比较,以评标委员会的名义出具评标报告,推荐中标候选人。评标委员会虽然由招标人组建并受其委托评标,但是,一经组建并开始评标工作,评标委员会即应依法独立开展评审工作。不论是招标人,还是有关主管部门,均不得非法干预、影响或改变评标过程和结果。

4. 严格遵守评标方法

《招标投标法》第四十条规定,评标委员会应当按照招标文件确定的评标标准和方法,对投标文件进行评审和比较;设有标底的,应当参考标底。《招标投标法实施条例》第四十九条规定,评标委员会成员应当依照招标投标法和该条例的规定,按照招标文件规定的评标标准和方法,客观、公正地对投标文件提出评审意见。招标文件没有规定的评标标准和方法不得作为评标的依据。

(三)评标方法

园林工程评标的方法,目前国内外采用较多的是专家评议法、低标价法和打分法。

1. 专家评议法

专家评议法也称定性评议法或综合评议法,是指评标委员会根据预先确定的评审内容,如报价、工期、技术方案和质量等方面信息,对各投标文件共同分项进行定性分析、比较,进行评议后,选择投标文件在各指标都较优良者为中标候选人,也可以用表决的方式确定中标候选人。这种方法实际上是定性的优选法,由于没有对各投标文件的量化(除报价是定量指标外)比较,标准难以确切掌握,往往需要评标委员会协商,评标的随意性较大,科学性较差。其优点是评标委员会成员之间可以直接对话与交流、交换意见,评标过程简单,在较短时间内即可完成;但当成员之间评标差距过大时,定标较困难。此方法一般适用于小型项目或无法量化投标条件的情况。

2. 低标价法

低标价法是按照有关规定,在"资金、任务双包干"的原则下,由业主单位从报价不低于建设成本价且保证工程工期、质量安全的几个建筑施工企业中评选出最低报价单位为中标单位的评标办法,即在通过了严格的资格预审和其他评标内容都符合要求的情况下,只按投标报价来定标的一种方法。世界银行贷款项目多采用此种评标方法。

采用这种评标方法有两种方式:一种是将所有投标者的报价依次排列,取其三个低报价,对低报价的投标者进行其他方面的综合比较,择优定标;另一种是"$A+B$ 值评标法",即以低于标底一定幅度以内的报价的算术均值为 A,以标底或评标小组确定的更合理的标价为 B,然后以 $A+B$ 的均值为评标标准价,选出报价低于或高于这个标准价某个幅度的投标方案进行综合分析比较,择优选定。

3. 打分法

打分法,又称定量综合评议法、百分制计分评议法(百分法)。通常的做法是,事先在招标文件或评标定标办法中将评标的内容进行分类,形成若干评价因素,并确定各项评价因素所占的比例和评分标准,开标后由评标组织中的每位成员按照评分规则,采用无记名方式打分,最后统计投标人的得分,得分最高者或次高者为中标人。

采用定量综合评议法,原则上实行得分最高的投标人为中标人,但当招标工程在一定限额(如 1 000 万元)以上,最高得分者和次高得分者的总得分差距不大(如差距仅在 2 分之内),且次高得分者的报价比最高得分者的报价低到一定数额(如低 2% 以上)时,可以选择次高得分者为中标人。对此,在制定评标定标办法时,应做出详尽说明。

(四)评标的步骤

评标的目的是根据招标文件中确定的标准和方法,对每个投标者的标书进行评价和比较,以评出有最优方案的投标者。评标必须以招标文件为依据,不得采用招标文件规定以外的标准和方法进行评标,凡是评标中需要考虑的因素都必须写入招标文件之中。

评标的一般程序包括组建评标委员会、评标准备、初步评审和详细评审及编写并上报评标报告。

1)组建评标委员会

评标委员会可以设主任一名,必要时可增设副主任一名,负责评标活动的组织协调工作。评标委员会主任在评标前由评标委员会成员通过民主方式推选产生,或由招标人或其代理机构指定。招标人代表不得作为主任人选。评标委员会主任与评标委员会其他成员享有同等的表决权。若采用电子评标系统,则须选定评标委员会主任,由其操作"开始投票"和"拆封"。

有的招标文件要求对所有投标文件设主审评委、复审评委各一名,主审、复审评委人选可由招标人或其代理机构在评标前确定,或由评标委员会主任进行分工。

2)评标准备

(1)了解和熟悉相关内容:①招标目标;②招标项目范围和性质;③招标文件中规定的主要技术要求、标准和商务条款;④招标文件规定的评标标准、评标方法和在评标过程中应考虑的相关因素;⑤有的招标文件发售后,招标人进行了数次的书面答疑、修正,评委应将其全部汇集装订。

(2)分工、编制表格:根据招标文件的要求或招标内容的评审特点,确定评委分工;招标文件未提供评分表格的,评标委员会应编制相应的表格;此外,若评标标准不够细化,应先予以细化。

(3)暗标编码:对需要匿名评审的文本进行暗标编码。

3)初步评标

初步评标工作比较简单,但却是非常重要的一步。初步评标的内容包括审查投标人资格是否符合要求,是否按规定方式提交投标保证金,投标文件是否基本上符合招标文件的要求等。如果投标人资格不符合规定,或投标文件未做出实质性的反应,都应作为无效投标处理,不得允许投标人通过修改投标文件或撤销不合要求的部分而使其投标具有响应性。对经初步评标确定为基本上符合要求的投标,下一步要核定投标中有没有计算和累计方面的错误。在修改计算错误时,要遵循两条原则:如果数字表示的金额与文字表示的金额有出入,以文字表示的金额为准;如果单价和数量的乘积与总价不一致,以单价为准。但是,如果招标人认为有明显的小数点错误,此时要以标书的总价为准,并修改单价。如果投标人不接受根据上述修改方法而调整的投标价,招标人可拒绝其投标并没收其投标保证金。

4)详细评标

在完成初步评标以后,下一步就进入到详细评定和比较阶段。只有在初评中确定为基本合格的投标,才有资格进入详细评定和比较阶段。具体的评标方法取决于招标文件中的规定,并按评标价的高低,由低到高,评定出各投标的排列次序。

在评标时,如出现最低评标价远远高于标底或缺乏竞争性等情况,应废除全部投标。

5)编写并上报评标报告

评标工作结束后,招标人要编写评标报告,上报招标主管部门。

评标报告包括以下内容:

(1)招标公告刊登的媒体名称、时间及购买招标文件的单位名单;

(2)开标日期及地点;

(3)投标人名单;

(4)投标报价及调整后的价格(包括重大计算错误的修改);

(5)开标记录和评标情况及说明,包括无效投标人名单及无效原因;

(6)评标的原则、标准和方法及评标委员会成员名单;
(7)评标结果和中标候选人排序表及授标建议。

三、中标

中标是指招标人向经评选为最优的投标人发出中标通知书,并在规定的时间内与之签订书面合同的行为。

中标人的投标应当符合下列条件之一:
(1)能够最大限度地满足招标文件中规定的各项综合评价标准;
(2)能够满足招标文件的实质性要求,并且经评审投标价格最低,但是投标价格低于成本的除外。

(一)中标人的确定

定标时,应当由业主行使决策权。确定中标人时:
(1)由业主根据评标委员会提出的书面评标报告,在中标候选人的推荐名单中确定中标人。
(2)业主可委托评标委员会确定中标人,招标人也可以通过授权评标委员会直接确定中标人。
(3)优先确定排名第一的中标候选人为中标人。使用国有资金投资或者国家融资的项目,招标人应当确定排名第一的中标候选人为中标人。排名第一的中标候选人放弃中标,或者因不可抗力提出不能履行合同,或者招标文件规定应当提交履约保证金而该中标候选人在规定期限内未能提交的,招标人可以确定排名第二的中标候选人为中标人。排名第二的中标候选人因同类原因不能签订合同的,招标人可以确定排名第三的中标候选人为中标人。

(二)签订合同

招标人从中标候选人中选定中标人后,在向中标的投标人发中标通知书时,也要通知其他没有中标的投标人,并及时退还其投标保证金。建设单位应通知中标人签订合同,并要求在投标有效期内进行。

具体的合同签订方法有两种:
一是招标人在发中标通知书的同时,将合同文本寄给中标单位,让其在规定的时间内签字退回;
二是中标单位收到中标通知书后,在规定的时间内派人与建设单位签订合同。

如果是采用第二种方法,合同签订前,允许招标人与投标人相互澄清一些非实质性的技术性或商务性问题,但招标人不得要求投标人承担招标文件中没有规定的义务,也不得有标后压价的行为。合同签字并在中标人按要求提交了履约保证金后就正式生效,招标工作进入到合同实施阶段。

公布中标结果后,未中标的投标人应当在公布中标通知书后的7天内退回招标文件和相关的图纸资料,同时招标人应当退回未中标投标人的投标文件和发放招标文件时收取的押金。

某园林景观建设工程项目采用公开招标方式,有 A、B、C、D、E、F、G、H、I 共 9 家承包商参加投标,经资格预审 9 家承包商均满足招标要求。在开标时,G 单位因为交通堵塞迟到 2 分钟而被禁止入场;H 单位已经递交的投标文件没有按照招标文件的要求密封,在开标时由公证人员确定其为无效标;I 单位因为投标书中综合报表缺少"质量等级"一栏,被评标委员会查出,参会代表当场退出开标大会。该工程采用二阶段打分评标法评标,评标委员会由 7 名委员组成。评标的具体情况如下。

1. 第一阶段评技术标

技术标共计 40 分,其中施工方案 15 分,总工期 8 分,工程质量 6 分,项目班子 6 分,企业信誉 5 分。技术标各项内容的得分为各评委的评分去掉一个最高分和一个最低分的算术平均值。技术标合计得分不满 28 分者,不再评其商务标。评标情况见表 4-8、表 4-9。

表 4-8　各评委对 6 家投标人施工方案评分的汇总表

参评投标人	评委一	评委二	评委三	评委四	评委五	评委六	评委七	平均得分
A	13.0	11.5	12.0	11.0	11.0	12.5	12.5	11.9
B	14.5	13.5	14.5	13.0	13.5	14.5	14.5	14.1
C	12.0	10.0	11.5	11.0	10.5	11.5	11.5	11.2
D	14.0	13.5	13.5	13.0	13.5	14.0	14.5	13.7
E	12.5	11.5	12.0	11.0	11.5	12.5	12.5	12.0
F	10.5	10.5	10.5	10.0	9.5	11.0	10.5	10.4

表 4-9　各投标人总工期、工程质量、项目班子、企业信誉得分汇总表

参评投标人	总工期	工程质量	项目班子	企业信誉
A	6.5	5.5	4.5	4.5
B	6.0	5.0	5.0	4.5
C	5.0	4.5	3.5	3.0
D	7.0	5.5	5.0	4.5
E	7.5	5.5	4.0	4.0
F	8.0	4.5	4.0	3.5

2. 第二阶段评商务标

商务标共计 60 分。以标底的 50%与承包商报价算术平均数的 50%之和为基准价,但最高(最低)报价高于(低于)次高(次低)报价的 15%者,在计算承包商报价算术平均数时不予考虑,且商务标得分为 15 分。以基准价为满分(60 分),报价比基准价每下降 1%,扣 1 分,最多扣 10 分;报价比基准价每增加 1%,扣 2 分,扣分不保底。标底和各投标人报价汇总表见表 4-10。

表 4-10　标底和各投标人报价汇总表

单位:万元

投标单位	A	B	C	D	E	F	标底
报价	136 560.00	111 080.00	143 030.00	130 980.00	132 410.00	141 250.00	137 900.00

请按照上述基本情况完成该项目的开标、评标、中标工作。

G投标人未按照招标文件的(时间)要求参加开标会议,H投标人未按照招标文件的要求对投标文件进行密封,I投标人未按招标文件规定的格式填写,故G、H、I三家投标人被废标。废标以后,三个单位失去投标资格,同时也失去了竞标的机会。需对另外6家投标人按照技术标和商务标的评标原则及方法进行评标,综合得分最高者确定为中标单位。

评标工作主要内容如下。

一、计算各投标人技术标评分

详细得分见表 4-11。

表 4-11　各投标人的技术标得分

投标人	总工期	工程质量	项目班子	企业信誉	施工方案	合计
A	6.5	5.5	4.5	4.5	11.9	32.9
B	6.0	5.0	5.0	4.5	14.1	34.6
C	5.0	4.5	3.5	3.0	11.2	27.2
D	7.0	5.5	5.0	4.5	13.7	35.7
E	7.5	5.5	4.0	4.0	12.0	33.0
F	8.0	4.5	4.0	3.5	10.4	30.4

由于承包商C的技术标仅得27.2分,小于28分的最低限,按规定不再评其商务标,实际上已经作为废标处理。

二、计算各投标人的商务标得分

对于B投标人:

因为(130 980.00－111 080.00)万元/130 980.00 万元＝15.19％＞15％,所以B投标人的报价(111 080.00 万元)在计算基准价时不予考虑,且其商务标得分为15分。

基准价＝137 900.00 万元×50％＋(136 560.00＋130 980.00＋132 410.00＋141 250.00)万元÷4×50％＝136 600.00 万元,各投标人商务标得分详见表4-12。

表 4-12　各投标人的商务标得分

投标人	报价/万元	报价与基准价的比例/(%)	扣　　分	得分
A	136 560.00	(136 560.00 万元÷136 600.00 万元)×100=99.97	(100－99.97)×1=0.03	59.97
B	111 080.00			15.00
D	130 980.00	(130 980.00 万元÷136 600.00 万元)×100=95.89	(100－95.89)×1=4.11	55.89
E	132 410.00	(132 410.00 万元÷136 600.00 万元)×100=96.93	(100－96.93)×1=3.07	56.93
F	141 250.00	(141 250.00 万元÷136 600.00 万元)×100=103.40	(103.40－100)×2=6.80	53.20

三、计算各投标人的综合得分

各投标人的综合得分见表 4-13。

表 4-13　各投标人的综合得分

投标人	技术标得分	商务标得分	综合得分
A	32.9	59.97	92.87
B	34.6	15.00	49.60
D	35.7	55.89	91.59
E	33.0	56.93	89.93
F	30.4	53.20	83.60

四、推荐中标单位

根据表 4-12 中的各投标人的综合得分进行中标候选人排序,如表 4-14 所示。因为 A 投标人综合得分最高,故推荐其为中标人。

表 4-14　中标候选人排序

名次	投标人	技术标得分	商务标得分	综合得分	备　　注
1	A	32.9	59.97	92.87	推荐中标人
2	D	35.7	55.89	91.59	
3	E	33.0	56.93	89.93	
4	F	30.4	53.20	83.60	
5	B	34.6	15.00	49.60	

任务考核表见表 4-15。

表 4-15　任务考核表 12

序号	考核内容	考核标准	配分	考核记录	得分
1	开标、评标、中标的程序	合理、准确、不漏项	20		
2	组织及主持开标会	确保开标会顺利召开	30		
3	确认有效标、无效标	能够根据相关要求进行确认	30		
4	运用多种评标法评标	会两种以上评标法	20		
	合计		100		

开标、评标报告格式

常用的开标、评标报告格式示例见图 4-5 至图 4-7。

```
_____（工程名称）

        开标、评标报告

    招标编号：_____

    招标单位：_____（盖章）
    法定代表人：_____（盖章）
    地    址：_____
    邮    编：_____
    联 系 人：_____
    电    话：_____

    日期：_____年____月____日
```

图 4-5　开标、评标报告封面示例

一、开标报告

按照招标文件规定的时间＿＿＿＿＿＿和地点＿＿＿＿＿＿，在招标单位支持下，邀请所有投标单位的法定代表人或其授权委托代理人及有关的监督部门人员，公开开标。

    1. 参加的主要人员（详见会议签到表）：

    2. 标书密封检查情况：

    3. 确认无误后，当众拆封标书，宣布有关投标人名称、价格等主要内容：

图 4-6　开标报告示例

> ## 二、评标报告
>
> 评标委员会（具体产生过程见建设工程评委人员记录）在_____（地点）于_____（时间）进行评标。记录如下：
>
> 1. 工程招标综合说明：
>
> 2. 评标标准方法：
>
> 3. 投标企业的基本情况和数据表：
>
> 4. 符合要求的投标一览表：
>
> 5. 废标情况说明：
>
> 6. 经评审的价格或者评分一览表：
>
> 7. 经评审的投标人排序：
>
> 8. 推荐中标候选人名字与签订合同前委托处理的事宜：
>
> 9. 需澄清、说明、补正事项纪要：
>
> 10. 评标委员会签名：

图 4-7　评标报告示例

复习提高

　　由教师组织学生进行分组，4~5人为一组，模拟招标单位一家和投标单位五家，进行园林工程招投标实训，使学生充分理解和掌握园林工程招标、投标、开标、评标、中标的程序和相关能力要点。

项目五　园林工程竣工验收、结算与竣工决算

　　园林工程的竣工验收及结算在施工合同的履行过程中具有重要的意义。竣工验收作为施工过程的最后一道程序,是全面检验施工质量的重要环节;而竣工结算又是直接关系到建设单位和施工单位的切身利益的一个重要环节。建设单位收到园林工程施工单位申请后,应当组织设计、勘察、施工、工程监理等有关单位根据施工图纸及说明书、国家颁发的施工验收规范和质量检验标准等及时进行验收。验收合格的,双方应及时办清工程竣工结算,建设单位应当按照约定支付工程价款,并接收该园林工程;否则,工程不得交付使用。

　　本项目包括园林工程竣工验收、园林工程结算和竣工决算三方面内容。

技能要求

- 能够组织园林工程竣工验收
- 能对园林工程施工变更进行管理
- 能完成园林工程竣工结算

知识要求

- 掌握园林工程竣工验收的程序
- 掌握园林工程竣工验收的标准
- 掌握园林工程资料的管理方法
- 掌握园林工程竣工结算的步骤

任务1　园林工程竣工验收

能力目标

1. 会整理及汇总竣工资料;
2. 会制订竣工验收方案;
3. 能够参与完成园林工程的竣工验收工作。

知识目标

1. 掌握园林工程竣工验收的程序;
2. 掌握园林工程竣工验收标准;
3. 掌握园林工程质量验收内容及方法。

一、园林工程竣工验收概述

竣工验收指园林工程项目已按设计要求全部建设完成，符合规定的园林工程竣工验收标准，由建设单位会同设计、施工、监理及工程质量监督部门等，对该项目是否符合规划设计要求以及对建设施工和设备安装质量进行全面检验，以取得竣工合格资料、数据和档案。竣工验收是建立在分阶段验收的基础之上的，中间竣工并已办理移交手续的单项工程一般在竣工验收时不再重新验收。

园林工程竣工验收是园林工程建设全过程的一个阶段，是园林工程施工的最后环节。它既是项目进行移交的必需手续，又是对建设项目成果进行全面考核评估的过程。为使工程能尽早投入使用、服务于社会，尽快发挥其投资效益，对其进行快速且正确的竣工验收是不可或缺的环节。

二、园林工程竣工验收应当具备的条件

(1)完成园林工程全部设计和合同约定的各项内容，达到使用要求。其中绿化工程完工验收合格后方可进行竣工验收。

(2)有完整的技术档案和施工管理资料。

(3)有工程使用的主要建筑材料、建筑构配件、设备和绿化土壤的进场试验报告。

(4)有勘察、设计、园林绿化规划审批部门及施工、工程监理等单位分别签署的质量合格文件。

(5)有施工单位签署的园林工程保修书。

三、园林工程竣工验收的依据

(1)国家相关法律法规和建设主管部门颁布的管理条例和办法。

(2)专业工程施工质量验收规范。

(3)经批准的设计文件、施工图纸及说明书。

(4)工程施工承包合同。

(5)其他相关文件。

四、园林工程质量验收分类及内容

园林工程质量的验收是指按工程合同规定的质量等级，遵循现行的质量评定标准，采用相应的手段对工程分阶段进行质量认可与评定。园林工程质量验收应按分项、分部或单位工程进行分类验收，其具体内容见表5-1。

表 5-1　园林工程单位(子单位)工程、分部(子分部)工程、分项工程划分(部分)

单位(子单位)工程	分部(子分部)工程		分项工程
绿化工程	栽植基础工程	栽植前土壤处理	栽植土清理,栽植前场地清理,栽植土回填及地形造型,栽植土施肥和表层整理
		重盐碱、重黏土地土壤改良工程	管沟、隔淋(渗水)层开槽、排盐(水)管敷设、隔淋(渗水)层铺设
		设施顶面栽植基层(盘)工程	耐根穿刺防水层、排(蓄)水层、过滤层、栽植土、设施障碍性面层栽植基盘
		坡面绿化防护栽植基层工程	坡面绿化防护栽植层工程(坡面整理,采用混凝土格构、固土网垫、格栅、土工合成材料、喷射基质)
		水(湿)生植物栽植槽工程	水(湿)生植物栽植槽、栽植土
	栽植工程	常规栽植	植物材料、栽植穴(槽)、苗木运输、假植、苗木修剪、树木栽植、竹类栽植、草坪及草本地被播种、草坪及草本地被分栽、铺设草块及草卷、运动场草坪、花卉栽植
		大树移植	大树挖掘及包装、大树吊装运输、大树栽植
		水(湿)生植物栽植	湿生类植物、挺水类植物、浮水类植物栽植
		设施绿化栽植	设施顶面栽植工程、设施顶面垂直绿化
		坡面绿化栽植	喷播、铺植、分栽
	养护	施工期养护	施工期的植物养护(支撑、浇灌水、裹干、中耕、除草、浇水、施肥、除虫、修剪、抹芽等)
	园林给排水	绿地给水	管沟、井室、管道安装、设备安装、喷头安装、回填
		绿地排水	排水盲沟管道、漏水管道、管沟及井室
	园林用电	景观照明	照明配电箱、电管安装、电缆敷设、灯具安装、接地安装、开关插座、照明通电试用
		其他用电	广播、监控等

续表

单位(子单位)工程	分部(子分部)工程	分项工程
园林附属工程	园路与广场铺装工程	基层、面层(碎拼花岗岩、卵石、嵌草、混凝土板块、路侧石、冰梅路面、花街铺地、大方砖、压膜、透水砖、小青砖、自然石块、水洗石、透水混凝土面层)
	假山、叠石、置石工程	地基基础、山石拉底、主体、收顶、置石
	园林理水工程	管道安装、潜水泵安装、水景喷头安装
	园林设施安装	座椅(凳)、标牌、果皮箱、栏杆、喷头等安装

1. 隐蔽工程验收

隐蔽工程是指那些在施工过程中工作结束后会被下一工序所掩盖,而无法进行复查的部位。对这些工程,在下一工序施工前,现场质量监督管理人员应按照设计要求、施工规范,采取必要的检查手段,对其进行检查验收,如果符合设计要求及施工规范规定,应及时签署隐蔽工程记录交承接施工单位归入技术资料;如监理工程师发现现场隐蔽工程不符合有关规定,应以书面形式告知施工单位,责令其处理,处理符合要求后再进行隐蔽工程验收与签证。

隐蔽工程验收通常是结合质量控制中的技术复核、质量检查工作来进行的,隐蔽时可留影像资料备查。

隐蔽工程验收项目及内容较多,以绿化工程为例,包括苗木的土球规格、根系状况、种植穴规格、施基肥的数量、种植土的处理等。

2. 检验批质量验收

主控项目和一般项目的质量经抽样检验应合格,应具有完整的施工操作依据、质量检查记录,经检验合格后予以验收。

3. 分项工程质量验收

分项工程所含的检验批均应符合合格质量的规定。分项工程所含的检验批的质量验收记录应完整。

4. 分部(子分部)工程质量验收

分部(子分部)工程所含分项工程的质量均应验收合格,质量控制资料应完整。如绿化工程中栽植土质量、植物病虫害检疫、有关安全及功能的检验和抽样检测结果应符合有关规定,观感质量验收应符合要求。

5. 单位(子单位)工程质量验收

单位(子单位)工程所含分部(子分部)工程的质量均应验收合格,质量控制资料应完整。单位(子单位)工程所含分部工程有关安全和功能的检测资料应完整。观感质量验收应符合要求。乔灌木成活率及草坪覆盖率应不低于95%。

园林工程质量不符合要求时,应按下列规定进行处理:

(1)经返工或整改处理的检验批应重新进行验收。

(2)经有资质的检测单位检测鉴定、能够达到设计要求的检验批,应予以验收。

(3)经有资质的检测单位鉴定达不到设计要求,但经原设计单位和监理单位认可,能够满足植物生长要求、安全和使用功能的检验批,可予以验收。

(4)经返工或整改处理的分项、分部工程,虽然降低质量或改变外观尺寸但仍能满足安全使用、观赏的基本要求并能保证植物成活,可按技术处理方案和协商文件进行验收。

(5)通过返修或整改处理仍不能保证植物成活且无法满足基本的观赏和安全要求的分部工程、单位(子单位)工程,严禁验收。

五、园林工程验收程序

(1)检验批和分项工程的验收,应符合下列规定:

①施工单位首先应对检验批和分项工程进行自检。自检合格后填写检验批和分项工程质量验收记录,施工单位项目机构专业质量检验员和项目专业技术负责人应分别在验收记录相关栏目签字后向监理单位或建设单位报验。

②监理工程师组织施工单位专业质检员和项目专业技术负责人共同按规范规定进行验收并填写验收结果。

(2)分部(子分部)工程的验收,应符合下列规定:

①分部(子分部)工程应在各检验批和所有分项工程验收完成后进行验收;应在施工单位项目专业技术负责人签字后,向监理单位或建设单位报验。

②总监理工程师(建设单位项目负责人)应组织施工单位项目负责人和项目技术、质量负责人及有关人员进行验收。

③勘察、设计单位项目负责人应参加园林建(构)筑物的地基基础、主体结构工程分部(子分部)工程验收。

(3)单位工程的验收应在分部工程验收完成后进行,施工单位依据质量标准、设计文件等组织有关人员进行自检、评定,并确认下列要求:

①已完成工程设计文件和合同约定的各项内容。

②工程使用的主要材料、构配件和设备有进场试验报告。

③工程施工质量符合规范规定。

分项、分部工程检查评定为符合要求后,施工单位向监理单位或建设单位提交工程质量竣工验收报告和完整质量资料,由监理单位或建设单位组织预验收。当预验收检查结果符合竣工验收要求时,监理工程师应将施工单位提交的竣工申请报告报送建设单位,建设单位着手组织勘察、设计、施工、监理等单位和其他方面的专家形成竣工验收小组,并制订验收方案。

(4)单位工程竣工验收时,应由建设单位负责人或项目负责人组织设计、施工单位负责人及监理单位总监理工程师参加验收。建设单位应在工程竣工验收前7个工作日将验收时间、地点、验收组名单通知该工程的工程质量监督机构。有质量监督要求的,应请质量监督部门参加,并形成验收文件。

(5)单位工程有分包单位参与施工时,分包单位对所承包的工程项目应按规范规定的程序验收,总包单位派人参加。分包工程完成验收后,应将有关资料交总包单位。

(6)在一个单位工程中,其子单位工程已经完工,且满足生产要求或具备使用条件,并经施工单位自检及监理预验收合格,也可按规定程序组织验收该单位工程。

(7) 当参加验收各方对工程质量验收意见不一致时,可请当地园林绿化工程建设行政主管部门或园林绿化工程质量监督机构协调处理。

(8) 单位工程验收合格后,建设单位应在规定时间内将工程竣工验收报告和有关文件报园林绿化行政主管部门备案。

六、园林工程竣工验收组织

(1) 建设单位收到验收报告并审查各项验收条件后,应将园林工程具备验收条件的情况、技术资料情况和专项验收情况报园林绿化工程质量监督机构。

(2) 经园林绿化工程质量监督机构审查并同意验收的,由建设单位组织勘察、设计、施工、监理等单位负责人和其他有关方面专家组成验收组,制订验收方案,确定验收时间。

(3) 建设单位确定工程竣工验收(或绿化完工验收)时间后,应通知园林绿化工程质量监督机构,园林绿化工程质量监督机构应派员对验收工作进行监督。

(4) 园林工程竣工验收组成员:
① 建设单位:单位(项目)负责人、其他现场管理人员。
② 设计单位:单位(项目)负责人、主要专业设计人。
③ 勘察单位:单位(项目)负责人、主要专业负责人。
④ 监理单位:项目总监理工程师、各专业监理工程师和其他现场监理人员。
⑤ 施工单位:单位负责人、项目经理、质量及技术负责人和其他现场人员。

验收组组长由建设单位法人代表或其委托的项目负责人担任。建设单位也可邀请有关专家参加验收小组;政府投资的项目验收时建设单位的上级主管部门应当参加。

七、园林工程竣工验收方案内容

(1) 工程概况介绍:工程名称、地址、性质、结构、规模等基本情况。

(2) 验收依据介绍:本工程验收使用的标准、规范情况,图纸设计和审批情况,其他工程资料情况等。

(3) 时间、地点、验收组成员介绍。

(4) 工程验收主持人和参建各方汇报工程情况。

(5) 介绍验收程序、内容和组成形式。

学习任务

某工程包括绿化栽植、园路、广场景墙、台阶、平台、小品等内容,该工程 2009 年 3 月 1 日开工,同年 9 月 30 日完成全部施工工作,施工单位完成自检。假如你是该工程的一名总监理工程师,你该如何组织该项目的竣工预验收和正式验收工作?

任务分析

在对园林工程各项目进行正式验收之前,一般要经过预验收,从某种意义上说,它比正式验收更为重要,因为正式验收的时间短促,不可能详细、全面地对工程项目一一查看,而主要依靠对工程项目的预验收来完成。一名总监理工程师应将预验收作为竣工验收工作的重点。

验收检查分成若干专业小组进行,划定各自工作范围,以提高效率并避免相互干扰。园林工程的预验收,要全面检查各分项工程。检查方法有以下几种:

(1)直观检查。

直观检查是一种定性的、客观的检查方法,采用手摸眼看的方式,有丰富经验和熟练掌握标准的人员才能胜任此工作。

(2)测量检查。

对能实际测量的工程部位都应通过实测获得真实数据。

(3)点数。

对各种设施、器具、配件、栽植的苗木等都应一一点数、查清、记录,如有遗缺不足的或质量不符合要求的,都应通知承接施工单位补齐或更换。

(4)操纵动作。

实际操作是对功能和性能进行检查的好办法,对一些水电设备、游乐设施等应启动检查。

完成上述检查之后,各专业组长应向各专业监理工程师报告,各专业监理工程师向总监理工程师汇报检查验收结果。如果检查出的问题较多较大,总监理工程师应指令施工单位限期整改并进行复验;如果存在的问题仅属一般性的,除通知承接施工单位抓紧整修外,总监理工程师即应编写预验收报告一式三份,一份交施工单位供整改用,一份备正式验收时转交验收委员会,一份由监理单位自存。这份报告除进行文字论述外,还应附上全部预验收检查的数据和影像资料。与此同时,总监理工程师应填写竣工验收申请报告送项目建设单位。

任务实施

一、组织与准备

将参加预验收的监理工程师和其他人员按专业区段分组,指定负责人。验收检查前,先组织预验收人员熟悉有关验收资料,制订检查方案,并将检查项目的各子目及重点检查部位以图或表列示出来。同时准备好工具、记录表格供检查中使用。

二、验收步骤

(一)竣工验收资料审查

认真审查好技术资料,不仅是正式验收的需要,也是为工程档案资料的审查打下基础。

1. 技术资料审查的内容

(1)工程项目的开工报告;

(2)工程项目的竣工报告;

(3)图纸会审及设计交底记录;

(4)设计变更通知单;

(5)技术变更核定单;

(6)工程质量事故调查和处理资料;

(7)水准点、定位测量记录;

(8)材料、设备、构件的质量合格证书;
(9)试验、检验报告;
(10)隐蔽工程记录;
(11)施工日志;
(12)竣工图及质量检验评定资料等。

2. 审查方法

(1)审阅。边看边查,把有不当的及遗漏或错误的地方记录下来,然后再对重点资料仔细审阅,做出正确判断,并与承接施工单位协商更正。

(2)校对。监理工程师将自己日常监理过程中所收集积累的数据、资料与施工单位提交的资料一一校对,把不一致的地方都记载下来,然后与承接施工单位商讨,对于仍然不能确定的地方,再与当地质量监督站及设计单位进行佐证资料的核定。

(3)验证。若出现几个方面资料不一致而难以确定的情况,可重新测量实物予以验证。

(二)工程质量预验收

在预验收过程中要全面检查各分项工程。

1. 绿化工程质量检查

对绿化工程项目进行质量检查,重点是对栽植基础工程和栽植工程进行检查。以下分栽植基础工程、植物材料工程和树木栽植工程进行预验收。

1)栽植基础工程

(1)检查绿化栽植的土壤是否符合植物生长要求,栽植基础严禁使用含有害成分的土壤。除特殊情况外(如屋顶绿化等),栽植土有效土层下不得有不透水层。

检验方法:检查土壤检测报告及进行观察检查。

检查数量:客土每 500 m^3 或 2 000 m^2 为一检验批,应于土层 20 cm 及 50 cm 处,随机取样 5 处,每处 100 g,混合后组成一组试样;客土 500 m^3 或 2 000 m^2 以下的,随机取样不得少于 3 处。

(2)栽植土施肥应按下列方式进行:①商品肥料应有产品合格证明,或已经过试验证明且符合要求;②有机肥应充分腐熟方可使用;③施用无机肥料应测定绿地土壤有效养分含量,并宜采用缓释性无机肥。

(3)土地应平整,回填的栽植土应达到自然沉降的状态,地形的造型和排水坡度应符合设计要求。栽植土整洁,无明显的石砾、瓦砾等杂物;土壤疏松不板结。栽植土表层整理应按下列方式进行:①栽植土表层不得有明显低洼和积水处,花坛、花境栽植地 30 cm 深的表土层必须疏松;②栽植土的表层应整洁,所含石砾中粒径大于 3 cm 的不得超过 10%,粒径小于 2.5 cm 的不得超过 20%,杂草等杂物不应超过 10%。

检验方法:采用观察或尺量检查的验收方法。

检查数量:按面积随机抽查 5%,以 500 m^2 为一个抽检区域,每个区域抽查不得少于 3 点;≤500 m^2 的,应全数检查。

2)植物材料工程

植物材料的品种数量、规格应符合设计要求,严禁使用带严重病、虫、草害的植物材料。非检疫对象的病虫害危害程度或危害痕迹不得超过树体的 5%~10%。

检验方法：观察和对照设计图纸、合同预算中的植物材料的品种，检查苗木出圃单，自外省市及国外引进的植物材料应有植物检疫证。

检查数量：乔、灌木按栽植数量抽查≥20%，但乔木不少于50株，灌木不少于100株；草皮地被按面积抽查5%，50 m² 为一点；草花按面积抽查10%，2 m² 为一点。

3）树木栽植工程

树木栽植的成活率应按乔木、大灌木和小灌木分别列出。树木栽植成活率不应低于95%；名贵树木栽植成活率应达到100%。死亡苗木应按设计要求适时补种，确保成活，或者与接管单位协商解决。其质量应符合下列规定：

①种植土：土壤疏松不板结，土块易捣碎，无建筑垃圾，无不透水层。姿态和生长势树木主干基本挺直（特殊姿态要求除外），树形完整，生长健壮。

②土球和裸根树根系：土球大小符合设计要求，土球完整，包扎牢固，清除土球包装物后，泥土不松散；裸根树木主根无劈裂，根系完整，无损伤，切口平整。

③病虫害：无病虫害。

④放线定位、定向及排列：放样定位符合设计要求，丛植树主要观赏朝向应丰满完整，排列适当，孤植树树形完整不偏冠（特殊姿态要求除外），行列树、行道树排列整齐划一。

⑤栽植深度、培土、浇水：栽植深度应符合大树生长需要，土壤在下沉后，根颈应与地面等高或略高。栽植时打碎土块，分层均匀培土，分层捣实，及时浇足定根水且不积水。

⑥修剪及伤口处理：按设计要求或自然树形修剪，清除损伤折断的树枝、枯枝败叶、带病虫害部分等。乔木分枝点符合设计要求，不留短桩、树钉。切口要做伤口处理。

⑦垂直度、支撑：树干或树干重心应与地面垂直；支撑设施因树因地设置，设桩或拉绳，树木绑扎处应夹软垫，不伤树木，稳定牢固；规则式种植支撑设施的大小、方向、高度及位置应整齐划一。

⑧数量：符合设计要求。

检查方法：观察和尺量。

2.园林附属工程质量检查

1）假山、叠石、塑石

假山、叠石、塑石主体构造应符合设计要求，截面应符合结构需求，并在此基础上符合造型艺术质量要求。其质量应符合下列规定：

①基础：基础符合设计要求。底石材料要求坚实、耐压，不允许用风化过度石块作为基石。

②石材：所选用石材质地一致，色泽相近，纹理一致。石料不能有裂缝、损伤、剥落现象。

③勾缝：应满足设计要求，做到自然、无遗漏。如设计无说明，则用1:1水泥砂浆进行勾缝，勾明缝不宜超过20 mm宽，暗缝应凹入石面15～20 mm；色泽应与石料色泽相近。

④基架：结构满足设计要求。所选用角铁、钢丝网、钢筋、水泥、砖块等材料符合相关材料标准。

⑤着（上）色：为满足造景需要，塑石着色应无脱落、水溶现象，并提供相关材料合格证明。

⑥其他材料：应有产品合格证，并满足相关标准要求。

⑦艺术造型：满足设计要求。

检验方法：观察、尺量检查及查阅资料。

检查数量：全数检查。

2）汀步安装

汀步的造型应符合设计要求，安置应稳固，相邻汀步石块空隙不大于 25 cm，高差不大于 5 cm。

检验方法：观察、尺量检查。

检查数量：全数检查。

3）园路、广场铺装

①面层：所用板块的品种、质量应符合设计要求，面层与基层的结合（粘结）应牢固，无空鼓。卵石色泽及块石大小搭配协调，颜色分配和顺，颗粒铺设清晰，石粒清洁，嵌入砂浆深度应大于颗粒深度的 1/2，应竖向接贴排列，不得平铺。

检验方法：用小锤轻击和观察检查。

检查数量：按自然段抽查 10%，但不少于 3 处。

②基层、垫层、结合层等应符合设计要求，做好隐蔽签证记录。

检验方法：查阅工程资料。

3. 园林水电工程质量检查

(1) 园林电气工程应符合《建筑电气工程施工质量验收规范》(GB 50303—2015)的要求。

(2) 给排水工程应符合《给水排水管道工程施工及验收规范》(GB 50268—2008)的要求。

完成上述检查之后，汇总各专业组长检查验收结果。如果查出的问题较多较大，则指令施工单位限期整改并进行复验。如果存在的问题仅属一般性，除通知承接施工单位抓紧整修外，编写预验收报告一式三份：一份交施工单位供整改用；一份备正式验收时转交验收委员会；一份由监理单位自存。这份报告含文字论述及全部预验收检查的数据。

（三）正式验收

1. 准备工作

(1) 向各验收委员会单位发出请柬，并书面通知设计、施工及质量监督等有关单位。

(2) 拟订竣工验收的工作议程，报验收委员会主任审定。

(3) 选定会议地点。

(4) 准备好一套完整的竣工和验收的报告及有关技术资料。

2. 正式竣工验收程序

(1) 由建设单位项目负责人主持验收会议。会议首先宣布验收委员会名单，介绍验收工作议程及时间安排，简要介绍工程概况，说明此次竣工验收工作的目的、要求及做法。

(2) 由施工单位汇报施工情况以及自检自验的结果情况。

(3) 由监理工程师汇报工程监理的工作情况和验收结果。

(4) 由勘察单位汇报勘察情况及对勘察内容的检查情况。

(5) 由设计单位汇报设计情况及对设计内容的检查情况。

(6) 由建设单位代表发言。

(7) 由园林质量监督人员发言。

在实施验收过程中，验收人员可先后对竣工验收技术资料及工程实物进行验收检查；也可分为两组，分别对竣工验收的技术资料及工程实物进行验收检查。在检查中监理单位、设计单位、质量监督人员参加,在广泛听取意见、认真讨论的基础上,统一提出竣工验收的结论意见,如无异议,则予以办理竣工验收证书和工程验收鉴定书。

工程竣工验收合格后,施工单位要向建设单位逐项办理工程移交手续,签订交接验收证书,并根据合同规定办理工程结算手续。工程结算手续一旦办理完毕,合同双方除施工单位承担工程保修工作以外,建设单位同施工单位双方的经济关系和法律责任即予解除。

任务考核表见表5-2。

表5-2　任务考核表13

序号	考核内容	考核标准	配分	考核记录	得分
1	园林工程竣工验收程序	掌握正确的验收程序	20		
2	园林工程质量检查内容	质量检查是否全面	40		
3	园林工程质量验收标准	标准是否正确	40		
	合计		100		

竣工总平面图的编绘

施工结束后、竣工验收前,要进行现场竣工测量,编绘竣工总平面图。

一、编绘竣工总平面图的目的

(1)在施工过程中往往可能出现设计变更,改进设计中不合理、不完善的地方,这种变更设计的情况必须通过测量反映到竣工总平面图上。

(2)编绘竣工总平面图有利于各种设施的维修工作,特别是地下管线等隐蔽工程的检查与维修工作。

(3)为企业的扩建、改建提供各项建筑物、构筑物、地上和地下管线及交通线路的坐标、高程等资料。

二、编绘竣工总平面图的方法

1.边施工边编绘竣工总平面图

这种方法是指,在施工过程中及时收集建成项目的坐标、标高等资料,并按竣工项目的坐标展绘到底图(或设计总平面图)上,然后随着工程的进展,逐步编绘成竣工总平面图。这种方法的优点在于,当工程项目全部竣工时,竣工总平面图也基本编制完成,既可及时提供交工验收资料,又可大大减少实测的工作量。同时,在编绘过程中如发现问题,也可以及时到现场查对,使竣工图能真实反映实际情况。

2.施工完毕后实测竣工总平面图

这种方法是指,在建设工程项目施工完毕之后,实地测绘竣工总平面图。采用这样的方法编绘竣工总平面图,费工费时,而且在施工中测量控制点不容易全部完好地保存下来,给竣工后实测竣工总平面图带来困难。

凡是按设计资料定位和施工的工程,其竣工总平面图应按设计坐标(或相对尺寸)和标高编绘。现场实地确定位置的工程、由于多次设计变更而与资料不符的工程及地下管网,必须以实测资料编绘竣工总平面图。凡有竣工测量资料的工程,其竣工测量成果与设计值之差不超过工程允差时,竣工总平面图可按设计值编绘,否则应按竣工测量资料编绘。

三、竣工总平面图的编绘要点

工程建设的工程档案是建设项目的永久性技术文件,工程竣工图是工程档案的重要内容,竣工总平面图是真实记录建筑工程情况的重要技术资料,是建筑工程进行交工验收、维护修理、改建扩建的主要依据。因此,编绘竣工总平面图必须做到准确、完整、真实,符合长期保存的归档要求。

竣工总平面图的编绘应在汇总各单位工程的竣工图的基础上进行。

竣工总平面图的编绘范围一般与施工总平面图的范围相同,使用的平面与高程系统应与施工系统一致,图面内容和图例也应和设计图一致。编绘竣工总平面图时,其细部坐标与标高的编绘点数应不少于设计图标注的坐标和标高的点数;对于建筑物和构筑物的附属部位,可注明相对关系尺寸。建筑物、构筑物的细部坐标及标高宜直接标注在图面上,当图面负荷较大时,也可将建筑物、构筑物特征点的坐标、标高编制成表。

竣工总平面图上应包括建筑方格网、水准点、辅助设施、架空与地下管线等建筑物或构筑物的特征点的坐标、高程,以及未建区的地形。

当图面负荷允许时,可将整个场区的地上、地下建筑物、构筑物编绘成一张综合性竣工总平面图;当图面负荷较大时,应将地下管网部分编绘成专业竣工图。

复习提高

由教师指定校园内某处已完成的园林工程(要求工程项目涵盖内容全面),由学生分组进行该工程的竣工验收工作,指出工程验收中的问题与不足,并进行讨论。

任务 2　园林工程结算与竣工决算

能力目标

1. 能熟练编制园林工程结算;
2. 能熟练审核园林工程结算;
3. 能熟练编制园林工程竣工决算。

知识目标

1. 了解园林工程竣工结算的依据与方式;
2. 了解园林工程竣工结算的内容;
3. 了解园林工程竣工结算的编制方法。

一、园林工程竣工结算概述

(一)工程竣工结算的含义及规定

工程竣工结算是指,一个单位工程完工,通过建设单位及有关部门的验收,竣工报告被批准后,承包方按国家有关规定和合同、协议条款约定的时间、方式向发包方提出结算报告,办理竣工结算。

工程竣工结算也可指单项工程完成并达到验收标准,取得竣工验收合格签证后,园林施工企业与建设单位之间办理的工程财务结算。

单项工程竣工验收后,由园林施工企业及时整理交工技术资料(主要工程应绘制竣工图),编制竣工结算,连同施工合同、补充协议、设计变更洽商等资料,一并送建设单位审查,在承发包双方达成一致意见后办理结算。

(二)园林工程竣工结算的编制依据

(1)工程合同或协议书。
(2)施工图预算书。
(3)设计变更通知单。
(4)施工技术问题核定单。
(5)施工现场签证记录。
(6)分包单位或附属单位提出的分包工程结算书。
(7)材料预算价格变更文件。

(三)园林工程竣工结算的编制内容

园林工程竣工结算编制的内容和方法与施工图预算基本相同,不同之处是有以增加施工过程中变动签证等资料为依据的变化部分,应以原施工图预算为基础,进行部分增减调整。一般有以下几种情况。

1.工程量增减调整

所完成实际工程量与施工图预算工程量之间的差额,即量差,是编制工程竣工结算的主要内容,包括:

(1)设计变更和漏项。

因实际图样修改和漏项等而产生的工程量增减,该部分可依据设计变更通知书或图纸会审记录进行调整。

(2)现场施工变更。

因实际工程中改变某些施工方法、更换材料规格以及出现一些不可预见情况而产生的工程量增减,均可根据双方签证的现场记录,按照合同或协议的规定进行调整。

(3) 施工图预算错误。

在编制竣工结算前,应结合工程的验收情况和实际完成工程量情况,对施工图预算中存在的错误予以纠正。

2. 价差调整

材料价差是指合同规定的工程开工至竣工期内因材料价格增减变化而产生的并超过一定幅度范围的价差。工程竣工结算中的材料价格可按照地方预算定额或基价表的单价编制。因当地造价部门文件调整发生的人工、计价材料和机械费用的价差均可以在竣工结算时加以调整。未计价材料则可根据合同或协议的规定,按实际调整价差。

3. 费用调整

工程量的增减会影响直接费的变化,对企业管理费、利润和税金应做相应的调整。属于工程数量的增减变化,需要相应调整安装工程费的计算;属于价差的因素,通常调整安装工程费,要计入计费程序中,即该费用应反映在总造价中;属于其他费用,如大型机械进出场费等,应根据各地区定额和文件规定一次结清,分摊到工程项目中去。

(四)工程竣工结算的编制方式

1. 施工图预算加签证方式编制竣工结算

工程结算书可在原来工程预算书的基础上,加上设计变更原因造成的增、减项目和其他经济签证费用编制而成。这种方式适用于小型园林工程,对增减项目和费用等,经建设单位或监理工程师签证后,与审定的施工图预算一起在竣工结算中进行调整。

2. 招标或议标后的合同价加签证结算方式编制竣工结算

如果工程实行招投标,通常中标一方根据工期、质量等签订工程合同,对工程实行造价一次性包干。合同所规定的造价就是竣工结算造价,在结算时需将合同中未包括的条款或出现的一些不可预见费,在施工过程中由于工程变更所增减的费用,经建设单位或监理工程师签证后,作为合同补充说明编入工程竣工结算。

3. 预算包干结算方式编制竣工结算

预算包干结算也称施工图预算加系数包干结算。依据合同规定,若未发生包干范围以外的工程增减项目,包干造价就是最终结算造价。

4. 平方米造价包干结算方式编制竣工结算

平方米造价包干结算方式是双方根据施工图和有关技术经济资料,事先协商好每平方米造价指标后,按实际完成的平方米数量进行结算,适用于广场铺装、草坪铺设等。

(五)园林工程竣工结算的审查

竣工结算编制后要有严格的审查,通常由业主、监理公司或审计部门进行把关。审核内容通常有以下几个方面。

1. 核对合同条款

主要针对工程竣工验收是否合格,竣工内容是否符合合同要求,结算方式是否按合同规定进行,套用定额、计费标准、主要材料调差等是否按约定实施。

2. 检查隐蔽验收记录

核对隐蔽工程施工记录和验收签证,手续完整、工程量与竣工图一致方可列入结算。

3. 审查设计变更通知

主要审查设计变更通知是否符合相关流程,是否加盖公章等。

4. 根据图纸核实工程数量

以原施工图概(预)算为基础,对施工中发生的设计变更、经济政策的变化等,编制变更增减,在施工图概(预)算的基础上做增减调整,并按国家统一规定的计算规则计算工程量。

5. 审核各项费用计算

主要从费率、计算基础、价差调整、系数计算、计费程序等方面着手审核是否计算准确。工程竣工计算子目多、篇幅大,应认真审核避免误差。

企业管理费、利润和规费是以人工费+施工机具使用费为基数计取的。随着人工费、材料费和机械费用的调整,企业管理费、利润、规费和增值税也同样在变化,但取费的费率不做变动。

二、园林工程中设计变更与现场签证

园林工程施工过程中,不可忽视的两个方面是设计变更和现场签证。在工程施工过程中经常发生纠纷的也是关于设计变更和现场签证方面的内容,如果想要在园林工程预算经济管理方面取得成功,就必须掌握好设计变更与现场签证的管理。

(一)设计变更的流程及实施管理

设计变更是指由于某种原因需要变更原有施工图等设计文件资料时,由设计单位做出的修改设计文件或补充设计文件的行为。

设计变更分提出设计变更文件和设计变更发放两个阶段。

1. 设计变更文件提出及通知

提出及通知设计变更有以下两种渠道:第一种是由业主方通知设计方自查,提出设计变更通知;第二种是由各单位整理好设计变更资料,建议设计变更,由监理、业主以及设计单位同意后提出设计变更通知。

2. 设计变更发放流程

设计变更发放流程:监理进行审批→业主进行审批→监理发放设计变更→承包单位接收→承包单位和监理单位统计监控并归档设计变更→进入投资合同管理系统。以上流程都必须建立在审批合格的基础上,否则须重新提出变更通知。

例如,施工现场承包单位在施工过程中发现有须变更的部分后,提出设计变更建议,交由业主方和监理方进行讨论,然后与设计单位进行商讨确认,最后由设计单位出具相应的设计变更文件,由监理方及业主进行审批,审批合格后由监理方向所有承包方发送变更内容。设计变更单样例见表5-3,各地区内容有所不同。

表 5-3　设计变更单样例

编号：

工程名称：	施工单位：
施工地点：	建设单位：
变更原因：	变更内容：
原设计工程量：	设计变更后工程量：

变更意见	施工单位： （盖章） 年　月　日	监理单位： （盖章） 年　月　日	建设单位： （盖章） 年　月　日	设计单位： （盖章） 年　月　日

（二）现场签证流程及实施管理

现场签证是指在施工过程中经常会遇到设计图纸以外及施工预算中没有包含的而现场又实际发生的施工内容。

1. 现场签证在施工现场实施的流程

1）引起现场签证的原因及办理流程

根据引起现场签证的主体不同，可以将现场签证分两种情况：①由甲方（建设单位或业主）相关指令（如设计变更单、工作联系单等）引起现场签证；②由乙方（施工单位）根据现场施工条件主动提出现场签证。

由甲方相关指令引起的现场签证根据现场情况的不同又分为正常签证和特急签证两种。正常签证必须按照程序来进行，特急签证可以特殊办理。

当甲方确定发出相关指令、会导致现场签证发生时，首先判断可能要发生的现场签证的性质是属于正常签证还是属于特急签证。如果属于正常签证，施工单位接到甲方指令后，根据甲方相关指令要求，提出办理现场签证的需求，填写现场签证单报监理单位审核，按照"先估价，后施工"的原则执行，要求签证的审批在 14 日内完成。如果属于特急签证，由甲方发出相关指令，要求施工单位立即执行，同时施工单位提出办理现场签证的需求，填写现场签证单报监理单位审核，为确保不因执行时间延缓导致重大损失，按照"边估价，边实施"的原则，同时要求必须在收到签证单 14 日内完成全部审批手续。

在日常施工过程中，由于某些工作任务没有出现在合同中或者预算范围内，为了维护自身利益，施工单位应提出现场签证需求。

施工单位主动提出的现场签证的办理流程与上述因甲方指令引起现场签证的相同。施工单位填写现场签证单时,要求附上初步预算或工程量清单。如属现场实际测量的部分,需先确定单价后预估工程量。如合同中单价已约定则按原单价计算;如无合同或无单价约定则需事先确定,包括材料设备的认质认价。如果是由设计变更引起的现场签证,且在设计变更审批过程中已经对签证费用进行计算确定,施工单位不需重新计算。

2)现场签证的审批

所有的现场签证由施工单位报监理工程师审批,监理工程师接到申请,须当日对现场工程变化情况进行调查,审核现场签证内容,并签署意见,然后提交给业主审核,最后由业主预算部门进行核算并存档。

2. 现场签证的实施管理

施工单位按经审批通过的现场签证单(样例见表5-4)内容组织实施,由专业工程师负责工程量的复核,现场成本管理员负责造价的复核。需要实际测量的部分则由项目现场工程师、现场成本管理员及监理、施工单位到场测量,并在现场签证单上签字确认。隐蔽工程签证必须在隐蔽前完成验收手续和工作量确认。

3. 签证单撰写的要素

(1)内容摘要:简明扼要地说明签证的主要内容。

(2)依据:阐明发生签证事件的有效依据,包括法律法规、合同条款、指令、变更函件、各类确认函等。

(3)签证事实:描述签证事件发生的经过及相关数据。

表 5-4 施工现场签证单样例

工程名称:		签证编号:
签证原因及签证内容(或草图示意):		
施工单位: (盖章) 年 月 日	监理单位: (盖章) 年 月 日	建设单位: (盖章) 年 月 日

说明:①本签证一式四份(施工方、监理方、业主工程管理部及预算合约部各一份)。
②本签证单应对照业主签证管理办法执行。

三、工程竣工决算概述

(一)工程竣工决算的含义

工程竣工决算又称竣工成本决算,是指一个建设项目的施工活动与原设计图纸相比发生了一些变化,这些变化涉及工程造价,使工程造价与原施工图预算比较有增加或减少,将这些变化在工程竣工以后按编制施工图预算的方法与规定,逐项进行调整计算得出结果。

(二)工程竣工决算的作用

(1)竣工决算是施工单位与建设单位结清工程费用的依据。

(2)竣工决算是施工单位考核工程成本、进行经济核算的依据,同时也是施工单位总结和衡量单位经营管理水平的依据。竣工决算资料是施工企业进行经济管理的重要资料来源。

(3)建设单位编制竣工决算,能够准确反映出基本建设项目实际造价和投资效果,且对投入生产或使用后的经营管理起到重要作用。

(4)建设单位通过竣工决算与概算、预算的对比分析,考核投资控制的工作成效,总结经验教训,以提高未来建设工程的投资效益。

(三)园林工程竣工决算的分类

园林工程竣工决算分为施工单位竣工决算和建设单位竣工决算。

1.施工单位竣工决算

园林工程施工单位竣工决算是企业内部对竣工的单位工程进行实际成本分析,反映其经济效果的一项决算工作。它是以单位工程的竣工结算为依据,核算一个单位工程从开工到竣工时的施工企业预算成本、实际成本和成本降低额,并编制单位工程竣工成本决算表,以总结经验,提高企业经营管理水平。

2.建设单位竣工决算

建设单位竣工决算是建设单位根据相关要求,对所有新建、改建和扩建工程建设项目在其竣工后编报的竣工决算。它是反映竣工项目建设成果及财务收支状况的文件,反映整个建设项目从筹建到竣工的建设费用。

(四)园林工程竣工决算的内容

园林工程竣工决算是在建设项目或单项工程完工后,由建设单位或施工单位等有关部门,以竣工结算、前期工程费用等资料为基础进行编制的。竣工决算全面反映了建设项目或单项工程从筹建到竣工全过程中各项资金的使用情况和设计概(预)算执行的结果,它是考核建设成本的重要依据。竣工决算主要包括以下内容。

1.文字说明

文字说明主要包括工程概况、设计概算和建设项目计划的执行情况,各项技术经济指标完成情况及各项资金使用情况,建设工期、建设成本、投资效果分析,以及建设过程中的主要经验、存在的问题及处理意见和各项建议等内容。

2.竣工工程概况

将设计概算的主要指标与实际完成内容的各项主要指标进行对比,可采用表格的形式。

3.竣工财务结算表

用表格形式反映出资金来源与资金运用情况。

4.交付使用财产明细表

对于交付使用的园林工程项目中固定资产的详细内容,不同类型的固定资产应采用不同形式的表格。例如,园林建筑等可用交付使用财产、结构、工程量(包括设计、实际)概算(实际的建设投资、其他基建投资)等项来表示;设备安装可用交付使用财产名称、规格型号、数量、概算、实际设备投资、建设基建投资等项来表示。

学习任务

请结合工程现场实际发生的设计变更和签证(设计变更单见表 5-5,现场签证单见表 5-6)等内容,完成×××区居民庭院及园林景观改造建设工程的竣工结算,该工程位于湖北省。

表 5-5 ×××区居民庭院及园林景观改造建设工程设计变更单

编号:××××

工程名称:×××区居民庭院及园林景观改造建设工程		施工单位:××园林公司	
施工地点:×××市×××路		建设单位:×××区园林管理局	
变更原因: 甲方要求,考虑环境协调美观。		变更内容: 　　将该工程范围内部分山杏的栽植变更为栽植金叶榆,并另外增加金叶榆的栽植,具体位置由甲方现场确认。	
原设计工程量: 　　山　杏:200 株 　　金叶榆:300 株		设计变更后工程量: 　　山　杏:200 株－20 株＝180 株 　　金叶榆:300 株＋40 株＝340 株	
变更意见	施工单位: 同意 (××园林公司盖章) 2019 年 3 月 1 日	监理单位: 同意 (××监理公司盖章) 2019 年 3 月 1 日	建设单位: 同意 (×××区园林管理局盖章) 2019 年 3 月 1 日	设计单位: 同意 (××设计公司盖章) 2019 年 3 月 1 日

表 5-6 ×××区居民庭院及园林景观改造建设工程施工现场签证单

工程名称:×××区居民庭院及园林景观改造建设工程　　　　签证编号:××××

签证原因及签证内容(或草图示意):

根据设计变更单中内容要求,由我施工单位增加金叶榆的栽植,减少山杏的栽植。
现将需要签证的工程内容列出如下:
1.金叶榆增加的数量为 40 株,苗木规格为胸径 4~5 cm。
2.山杏减少的数量为 20 株,苗木规格为胸径 4 cm。

请予以审核签证。

续表

施工单位：	监理单位：	建设单位：
（××园林公司盖章） 2019年3月15日	（××监理公司盖章） 2019年3月15日	（×××区园林管理局盖章） 2019年3月15日

本工程为工程量清单计价报价并签订合同，该增减部分按合同约定属调整内容。合同中规定的该分部分项工程内容及相关工程量和综合单价见表5-7。

表5-7 分部分项工程内容及相关工程量和综合单价

序号	项目编码	项目名称	计量单位	合同量	综合单价/元
1	050102001001	栽植山杏	株	200	140.01
2	050102001002	栽植金叶榆	株	300	250.01
3	050102002001	栽植忍冬	株	50	123.83
4	050102002002	栽植重瓣榆叶梅	株	300	118.83
5	050102012001	铺种草皮	m²	1 110	17.10
6	010407002001	坡道	m²	112	42.58
7	040103002001	余方弃置	m³	48	28.90
8	040204001001	普通道板铺设	m²	82	13.31
9	040204003001	边石	m	49	22.07
10	040305001001	挡墙	m³	10.31	523.98
11	y补	圆形树池带座椅	个	10	2 000.00
12	y补	不锈钢桌凳	套	5	1 500.00

各项费用计算基础及费率见表5-8。原投标报价中，安全文明施工费为387.76元，夜间施工费、二次搬运费与冬雨季施工费均为28.99元，工程定位复测费为9.66元，已完工程及设备保护费为39.86元，规费为8 607.96元。该工程中标价为227 075.19元。

表5-8 费用计算基础及费率

序号	项目名称	计算基础	费率/(%)
1	安全文明施工费	人工费	1.90
2	夜间施工费	人工费	0.20
3	二次搬运费	人工费	0.30
4	冬雨季施工费	人工费	0.30

续表

序号	项目名称	计算基础	费率/(%)
5	工程定位复测费	人工费	0.10
6	已完工程及设备保护费	人工费	0.11
7	规费	人工费＋施工机具使用费	10.62
7.1	社会保险费	人工费＋施工机具使用费	8.46
7.1.1	养老保险金	人工费＋施工机具使用费	5.52
7.1.2	失业保险金	人工费＋施工机具使用费	0.55
7.1.3	工伤保险金	人工费＋施工机具使用费	0.52
7.1.4	医疗保险金	人工费＋施工机具使用费	1.61
7.1.5	生育保险金	人工费＋施工机具使用费	0.26
7.2	住房公积金	人工费＋施工机具使用费	2.16

任务分析

本工程为工程量清单计价报价并签订合同,故结算时也需按工程量清单计价方式进行。完成该任务,主要是在原投标报价的基础上,根据设计变更和现场签证进行相应工程项目费用等的增减,并计算出相应的金额,形成最终的结算。

任务实施

园林工程竣工结算的基本方法和投标报价组价基本相同,主要是根据竣工图、工程量清单和签证单(变化工程量)等,计算出该工程量的增减及综合单价的增减,从而计算出工程竣工总造价,即结算价。

一、收集资料

收集设计变更单(表5-5)、竣工图样、签证单(表5-6)及项目相关资料等。

二、计算分部分项工程费增减

由于甲方要求,原栽植金叶榆增加40株,栽植山杏减少20株。
公式:工程数量＝合同量＋送审增减量。
栽植金叶榆工程量＝合同量＋送审增减量＝300株＋40株＝340株。
栽植山杏工程量＝合同量＋送审增减量＝200株－20株＝180株。
公式:送审增减价＝送审增减量×综合单价。注:单价无送审增减价,即执行合同价。
栽植金叶榆送审增减价＝送审增减量×综合单价＝40株×250.01元/株＝10 000.40元。
栽植山杏送审增减价＝送审增减量×综合单价＝(－20株)×140.01元/株＝－2 800.20元。
分部分项工程费增减详见表5-9。

表 5-9 分部分项工程费增减部分

工程名称：×××区居民庭院及园林景观改造建设工程

序号	项目编码	项目名称	计量单位	工程数量 合同量	工程数量 送审增减量	综合单价/元 合同价	综合单价/元 送审增减价	合价/元 合同价	合价/元 送审增减价	增减原因
1	050102001001	栽植山杏	株	200	−20	140.01	—	28 002.00	−2 800.20	甲方要求
2	050102001002	栽植金叶榆	株	300	+40	250.01	—	75 003.00	+10 000.40	甲方要求
3	050102002001	栽植忍冬	株	50	—	123.83	—	6 191.50	—	
4	050102002002	栽植重瓣榆叶梅	株	300	—	118.83	—	35 649.00	—	
5	050102012001	铺种草皮	m²	1 110	—	17.10	—	18 981.00	—	
6	010407002001	坡道	m²	112	—	42.58	—	4 768.96	—	
7	040103002001	余方弃置	m³	48	—	28.90	—	1 387.20	—	
8	040204001001	普通道板铺设	m²	82	—	13.31	—	1 091.42	—	
9	040204003001	边石	m	49	—	22.07	—	1 081.43	—	
10	040305001001	挡墙	m³	10.31	—	523.98	—	5 402.23	—	
11	y 补	圆形树池带座椅	个	10	—	2 000.00	—	20 000.00	—	
12	y 补	不锈钢桌凳	套	5	—	1 500.00	—	7 500.00	—	
		合计						205 057.74	7 200.20	
		增减后分部分项工程费总计						212 257.94		

三、计算措施项目费增减

公式：增减人工费＝送审增减量×人工费综合单价。

查询 2018 年湖北省园林绿林工程消耗量定额及全费用基价表，栽植山杏或金叶榆（人工费＋施工机具使用费）单价＝10.61 元/株，则费用增减计算为：

栽植山杏增减（人工费＋施工机具使用费）＝（−20）株×10.61 元/株＝−212.20 元

栽植金叶榆增减（人工费＋施工机具使用费）＝40 株×10.61 元/株＝＋424.40 元

总增减(人工费+施工机具使用费)=-212.20元+424.40元=212.20元

措施项目费增减额按费用定额费率表与增减(人工费+施工机具使用费)乘积算得。详见表5-10。

表 5-10 措施项目费增减表

工程名称：×××区居民庭院及园林景观改造建设工程

序号	项目名称	投标报价			送审增减/元	
		计算基础	费率/(%)	金额/元	计算基础	增减金额
一	总价措施项目费					
1	安全文明施工费	人工费	1.90	387.76	+212.20	+4.03
2	夜间施工费	人工费	0.20	28.99	+212.20	+0.42
3	二次搬运费	人工费	0.30	28.99	+212.20	+0.64
4	冬雨季施工费	人工费	0.30	28.99	+212.20	+0.64
5	工程定位复测费	人工费	0.10	9.66	+212.20	+0.21
二	单价措施项目费					
1	施工排水					
2	施工降水					
3	地上、地下设施、建筑物的临时保护设施					
4	已完工程及设备保护费	人工费	0.11	39.86	+212.20	+0.23
5	大型机械设备进出场及安拆费					
	合计			524.25		+6.17
	增减后措施项目费总计			530.42		

四、计算其他项目费增减

其他项目费在原投标报价中仅列"暂列金额"项，工程结算时，暂列金额应予取消，另根据工程实际发生项目增减费用。

五、计算规费增减

规费增减计算基础为增减后的各项费用之和，详见表5-11。

表 5-11 规费项目费增减表

工程名称:×××区居民庭院及园林景观改造建设工程

序号	项目名称	投标报价			增减后		
		计算基础	费率/(%)	计算基础金额/元	计费基础	费率/(%)	金额/元
1	规费	人工费+施工机具使用费	10.62	212.20	增减后(人工费+施工机具使用费)	10.62	22.54
1.1	社会保险费	人工费+施工机具使用费	8.46	212.20	增减后(人工费+施工机具使用费)	8.46	17.95
(1)	养老保险金	人工费+施工机具使用费	5.52	212.20	增减后(人工费+施工机具使用费)	5.52	11.71
(2)	失业保险金	人工费+施工机具使用费	0.55	212.20	增减后(人工费+施工机具使用费)	0.55	1.17
(3)	工伤保险金	人工费+施工机具使用费	0.52	212.20	增减后(人工费+施工机具使用费)	0.52	1.10
(4)	医疗保险金	人工费+施工机具使用费	1.61	212.20	增减后(人工费+施工机具使用费)	1.61	3.42
(5)	生育保险金	人工费+施工机具使用费	0.26	212.20	增减后(人工费+施工机具使用费)	0.26	0.55
1.2	住房公积金	人工费+施工机具使用费	2.16	212.20	增减后(人工费+施工机具使用费)	2.16	4.58

六、填写单位工程竣工结算汇总表

本工程无单位工程划分,单项工程也使用表 5-12 汇总。

表 5-12 单位工程竣工结算汇总表

工程名称:×××区居民庭院及园林景观改造建设工程

序号	汇总内容	金额/元
1	分部分项工程	212 257.94
1.1		
1.2		
1.3		
1.4		
1.5		

续表

序号	汇总内容	金额/元
2	措施项目费	530.42
2.1		
2.2		
3	其他项目	0
3.1	暂列金额	
3.2	暂估价	
3.3	计日工	
3.4	总承包服务费	
4	规费	8 630.50
5	增值税	0
竣工结算总价合计＝1＋2＋3＋4＋5		221 418.86

注：按照2018年湖北省建筑安装工程费用定额规定，现场签证费不含增值税。

七、填写工程项目竣工结算汇总表

该工程无其他单项工程划分，工程项目竣工结算汇总表如表5-13所示。

表5-13 工程项目竣工结算汇总表

工程名称：×××区居民庭院及园林景观改造建设工程

序号	单项工程名称	金额/元	其 中	
			安全文明施工费/元	规费/元
1	×××区居民庭院及园林景观改造建设工程	221 418.86	391.79	8 630.50
2				
合计		221 418.86	391.79	8 630.50

八、编制结算书封面

结算书封面见图5-1。

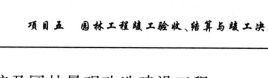

×××区居民庭院及园林景观改造建设工程

竣 工 结 算 总 价

中标价(小写):227075.19元　（大写):贰拾贰万柒仟零柒拾伍元壹角玖分

结算价(小写):221418.86元　（大写):贰拾贰万壹仟肆佰壹拾捌元捌角陆分

工程造价

发包人：	承包人：	咨询人：
（单位盖章）	（单位盖章）	（单位资质专用章）

法定代表人	法定代表人	法定代表人
或其授权人：	或其授权人：	或其授权人：
（签字或盖章）	（签字或盖章）	（签字或盖章）

编制人：　　　　　　　　　　　　　　核对人：
（造价人员签字盖专用章）　　　　　（造价工程师签字盖专用章）

编制时间：　　年　月　日　　核对时间：　　年　月　日

图 5-1　结算书封面

任务考核表见表5-14。

表5-14　任务考核表14

序号	考核内容	考核标准	配分	考核记录	得分
1	搜集资料	主要材料齐全	10		
2	熟悉竣工图样和施工内容	基本正确,无明显错误	10		
3	计算增减量	正确,无明显错误	10		
4	按工程量清单计价方法计算综合单价增减	正确,无明显错误	20		
5	编制园林工程竣工结算	表格齐全,内容正确	40		
6	装订、签字、盖章	装订顺序正确,手续齐备	10		
		合计	100		

基本建设工程中的"三算""三超""两算对比"

一、"三算"

基本建设工程投资估算、设计概算和施工图预算,合称为"三算"。

1. 投资估算

投资估算是指在整个投资决策过程中,依据现有的资料和一定的方法,对建设项目的投资额(包括工程造价和流动资金)进行的估计。

投资估算总额是指从筹建、施工直至建成投产的全部建设费用,其包括的内容应视项目的性质和范围而定。投资估算是项目投资决策的重要依据,是正确评价建设项目投资合理性、分析投资效益、为项目决策提供依据的基础。在可行性研究报告被批准之后,其投资估算额就作为建设项目投资的最高限额,不得随意突破。投资估算一经确定,即成为限额设计的依据,用以对各专业设计实行投资切块分配,作为控制和指导设计的尺度或标准。

2. 设计概算

设计概算是指设计单位在初步设计或扩大初步设计阶段,根据设计图样及说明书、设备清单、概算定额或概算指标、各项费用取费标准、类似工程预(决)算文件等资料,用科学的方法计算和确定基本建设工程全部建设费用的经济文件。

设计概算的主要作用:是国家制定和控制建设投资的依据;是编制建设计划的依据;是进行拨款和贷款的依据;是签订总承包合同的依据;是考核设计方案的经济合理性和控制施工图设计及施工图预算的依据;是考核和评价工程建设项目成本和投资效果的依据。

3. 施工图预算

施工图预算是根据施工图、预算定额、各项取费标准、建设地区的自然及技术经济条件等资料编制的基本建设工程预算造价文件。

施工图预算是工程施工企业和建设单位签订承包合同、实行工程预算包干、拨付工程款和办理工程结算的依据,也是建筑企业编制计划、实行经济核算和考核经营成果的依据,在实行招标承包制的情况下,还是建设单位确定标底和工程施工企业投标报价的依据。

没有投资估算的项目不得批准立项和进行可行性研究;没有设计概算的项目不得批准初步设计;没有施工图预算的项目不准开工。

二、"三超"

建设工程行业在我国长期存在概算超估算、预算超概算、决算超预算的"三超"现象,严重制约着建设工程的投资效益和管理的发展。工程造价的有效控制,就是在优化建设方案、设计方案的基础上,在建设程序的各个阶段,采用一定的方法和措施将工程造价控制在合理的范围和核定的造价限额以内。具体来说,要用投资估算价控制设计方案的选择和初步设计概算造价;用概算造价控制技术设计和修正概算造价;用概算造价或修正概算造价控制施工图设计和预算造价,以求合理地使用人力、物力和财力,取得较好的投资效益。

三、"两算对比"

"两算对比"是指施工图预算和施工预算的对比。

施工预算是施工单位根据施工图纸、施工定额、施工及验收规范、标准图集、施工组织设计(或施工方案)等编制的预估单位工程(或分部分项工程)施工所需的人工、材料和施工机械台班数量等的文件,是施工企业内部文件,是单位工程(或分部分项工程)施工所需的人工、材料和施工机械台班消耗数量的标准。

"两算对比"主要包括人工工日的对比、材料消耗量的对比、机械台班数量的对比、直接费的对比、措施费用的对比、其他直接费的对比等。通过"两算对比",可以找出该工程项目节约和超支的原因,搞清楚施工管理过程中不合理的地方和薄弱的环节,便于提出合理的解决办法,防止因人工、材料、机械台班及相应费用的超支或浪费而导致工程成本上升,进而造成项目亏损。

复习提高

由教师提供一套某项已完工程的投标文件、中标通知书、合同等资料,学生结合实际发生的设计变更、现场签证等,对项目进行工程竣工结算。

参 考 文 献

[1] 中华人民共和国住房和城乡建设部,中华人民共和国国家质量监督检验检疫总局.建设工程工程量清单计价规范:GB 50500—2013[S].北京:中国计划出版社,2013.

[2] 中华人民共和国住房和城乡建设部.园林绿化工程工程量计算规范:GB 50858—2013[S].北京:中国计划出版社,2013.

[3] 湖北省建设工程标准定额管理总站.湖北省园林绿化工程消耗量定额及全费用基价表[S/OL].[2019-05-29].http://www.hbcic.net.cn/bw/desjcx/158631.htm.

[4] 全国造价工程师职业资格考试培训教材编审委员会.建设工程造价管理[M].北京:中国计划出版社,2019.

[5] 全国造价工程师职业资格考试培训教材编审委员会.建设工程计价[M].北京:中国计划出版社,2019.

[6] 全国造价工程师职业资格考试培训教材编审委员会.建设工程技术与计量(土木建筑工程)[M].北京:中国计划出版社,2019.

[7] 全国造价工程师职业资格考试培训教材编审委员会.建设工程造价案例分析(土木建筑工程、安装工程)[M].北京:中国计划出版社,2019.

[8] 宁平.园林工程概预算从入门到精通[M].北京:化学工业出版社,2017.

[9] 廖伟平,孔令伟.园林工程招投标与概预算[M].重庆:重庆大学出版社,2013.

[10] 张西平,王全杰,杨天春.建筑工程计量与计价实训教程(湖北版)[M].重庆:重庆大学出版社,2015.

[11] 刘富勤,程瑶.建筑工程概预算[M].3版.武汉:武汉理工大学出版社,2018.

[12] 张金玉.建筑与装饰工程量清单计价[M].武汉:华中科技大学出版社,2018.

[13] 武乾.建筑工程概预算[M].武汉:华中科技大学出版社,2018.

[14] 张强,易红霞.建筑工程计量与计价——透过案例学造价[M].北京:北京大学出版社,2014.

[15] 张建平,张宇帆.建筑工程计量与计价[M].2版.北京:机械工业出版社,2018.

[16] 张建平.建筑工程计量与计价实务[M].重庆:重庆大学出版社,2016.

[17] 筑·匠.建筑工程造价一本就会[M].北京:化学工业出版社,2016.

[18] 阎俊爱.建筑工程概预算及实训教程:剪力墙手算[M].北京:化学工业出版社,2015.